第一推动丛书：宇宙系列
The Cosmos Series

千亿个太阳
Hundert Milliarden Sonnen

[德] 鲁道夫·基彭哈恩 著 沈良照 黄润乾 译
Rudolf Kippenhahn

湖南科学技术出版社

图0-1 距我们银河系大约200万光年的仙女座星系。它看起来像一个椭圆形的模糊团块，只有用威力最大的望远镜才能把这个“星云”分解成许许多多恒星；但是这张照片上所有分得清楚的星点却全是属于我们银河系的恒星。这个星系中能辨认出来的旋臂结构在许多星系中都有。如果从仙女座星系观望我们银河系，看到的样子应该大致和这种姿态相同

图0–2 猎犬座旋涡星云M51。这是我们正巧从正面去看另一个银河系时所见的样子。明亮的旋臂标志着特亮的蓝星激发着星际气体使之放光。我们所看到的这个恒星系统的光线大约已经在传播途中跋涉了1200万年(美国华盛顿美国海军天文台拍摄)

图2-5 昴星团(七姊妹星)。最亮的恒星激发附近的气体物质使其发光。图中发光星云遮蔽了埋藏在星云中的恒星。图中由亮星发出的四条光束和圆环是由于照相系统的缺陷所造成，和恒星无关。除了肉眼可看到的亮星以外，还有100颗以上也属于这个星团的其他恒星。它们都以相同的速度在宇宙中运动。估计它们都是同时诞生的恒星

图7-5 行星状星云NGC7293。红色发亮的物质是由环中心的那一颗暗弱恒星抛射出来的。中心恒星和一颗白矮星很相似。其他恒星的空间位置或者在环状云的前面，或者在它的后面，与它无关

图7-6 蟹状星云是1054年观测到的超新星的遗迹。由于光线传到我们这里需要很长时间，所以这颗星实际爆炸的时间比苏梅尔人移居到巴比伦还要早(大约公元前4000年)

图12-1 猎户星座中的发光气体星云

THE
FIRST
MOVER

总序

《第一推动丛书》编委会

科学，特别是自然科学，最重要的目标之一，就是追寻科学本身的原动力，或曰追寻其第一推动。同时，科学的这种追求精神本身，又成为社会发展和人类进步的一种最基本的推动。

科学总是寻求发现和了解客观世界的新现象，研究和掌握新规律，总是在不懈地追求真理。科学是认真的、严谨的、实事求是的，同时，科学又是创造的。科学的最基本态度之一就是疑问，科学的最基本精神之一就是批判。

的确，科学活动，特别是自然科学活动，比起其他的人类活动来，其最基本特征就是不断进步。哪怕在其他方面倒退的时候，科学却总是进步着，即使是缓慢而艰难的进步。这表明，自然科学活动中包含着人类的最进步因素。

正是在这个意义上，科学堪称为人类进步的“第一推动”。

科学教育，特别是自然科学的教育，是提高人们素质的重要因素，是现代教育的一个核心。科学教育不仅使人获得生活和工作所需的知识和技能，更重要的是使人获得科学思想、科学精神、科学态度以及科学方法的熏陶和培养，使人获得非生物本能的智慧，获得非与生俱来的灵魂。可以这样说，没有科学的“教育”，只是培养信仰，而不是教育。没有受过科学教育的人，只能称为受过训练，而非受过教育。

正是在这个意义上，科学堪称为使人进化为现代人的“第一推动”。

近百年来，无数仁人志士意识到，强国富民再造中国离不开科学技术，他们为摆脱愚昧与无知做了艰苦卓绝的奋斗。中国的科学先贤们代代相传，不遗余力地为中国的进步献身于科学启蒙运动，以图完成国人的强国梦。然而可以说，这个目标远未达到。今日的中国需要新的科学启蒙，需要现代科学教育。只有全社会的人具备较高的科学素质，以科学的精神和思想、科学的态度和方法作为探讨和解决各类问题的共同基础和出发点，社会才能更好地向前发展和进步。因此，中国的进步离不开科学，是毋庸置疑的。

正是在这个意义上，似乎可以说，科学已被公认是中国进步所必不可少的推动。

然而，这并不意味着，科学的精神也同样地被公认和接受。虽然，科学已渗透到社会的各个领域和层面，科学的价值和地位也更高了，但是，毋庸讳言，在一定的范围内或某些特定时候，人们只是承认“科学是有用的”，只停留在对科学所带来的结果的接受和承认，而不是对科学的原动力——科学的精神的接受和承认。此种现象的存在也是不能忽视的。

科学的精神之一，是它自身就是自身的“第一推动”。也就是说，科学活动在原则上不隶属于服务于神学，不隶属于服务于儒学，科学活动在原则上也不隶属于服务于任何哲学。科学是超越宗教差别的，超越民族差别的，超越党派差别的，超越文化和地域差别的，科学是普适的、独立的，它自身就是自身的主宰。

湖南科学技术出版社精选了一批关于科学思想和科学精神的世界名著，请有关学者译成中文出版，其目的就是为了传播科学精神和科学思想，特别是自然科学的精神和思想，从而起到倡导科学精神，推动科技发展，对全民进行新的科学启蒙和科学教育的作用，为中国的进步做一点推动。丛书定名为“第一推动”，当然并非说其中每一册都是第一推动，但是可以肯定，蕴含在每一册中的科学的内容、观点、思想和精神，都会使你或多或少地更接近第一推动，或多或少地发现自身如何成为自身的主宰。

出版30年序
苹果与利剑

龚曙光

2022年10月12日

从上次为这套丛书作序到今天，正好五年。

这五年，世界过得艰难而悲催！先是新冠病毒肆虐，后是俄乌冲突爆发，再是核战阴云笼罩……几乎猝不及防，人类沦陷在了接踵而至的灾难中。一方面，面对疫情人们寄望科学救助，结果是呼而未应；一方面，面对战争人们反对科技赋能，结果是拒而不止。科技像一柄利剑，以其造福与为祸的双刃，深深地刺伤了人们安宁平静的生活，以及对于人类文明的信心。

在此时点，我们再谈科学，再谈科普，心情难免忧郁而且纠结。尽管科学伦理是个古老问题，但当她不再是一个学术命题，而是一个生存难题时，我的确做不到无动于衷，漠然置之。欣赏科普的极端智慧和极致想象，如同欣赏那些伟大的思想和不朽的艺术，都需要一种相对安妥宁静的心境。相比于五年前，这种心境无疑已时过境迁。

然而，除了执拗地相信科学能拯救科学并且拯救人类，我们还能有其他的选择吗？我当然知道，科技从来都是一把双刃剑，但我相信，科普却永远是无害的，她就像一只坠落的苹果，一面是极端的智慧，一面是极致的想象。

我很怀念五年前作序时的心情，那是一种对科学的纯净信仰，对科普的纯粹审美。我愿意将这篇序言附录于后，以此纪念这套丛书出版发行的黄金岁月，以此呼唤科学技术和平发展的黄金时代。

出版25年序
一个坠落苹果的两面：极端智慧与极致想象

龚曙光

2017年9月8日凌晨于抱朴庐

连我们自己也很惊讶，《第一推动丛书》已经出了25年。

或许，因为全神贯注于每一本书的编辑和出版细节，反倒忽视了这套丛书的出版历程，忽视了自己头上的黑发渐染霜雪，忽视了团队编辑的老退新替，忽视了好些早年的读者已经成长为多个领域的栋梁。

对于一套丛书的出版而言，25年的确是一段不短的历程；对于科学研究的进程而言，四分之一个世纪更是一部跨越式的历史。古人"洞中方七日，世上已千秋"的时间感，用来形容人类科学探求的日新月异，倒也恰当和准确。回头看看我们逐年出版的这些科普著作，许多当年的假设已经被证实，也有一些结论被证伪；许多当年的理论已经被孵化，也有一些发明被淘汰……

无论这些著作阐释的学科和学说属于以上所说的哪种状况，都本质地呈现了科学探索的旨趣与真相：科学永远是一个求真的过程，所谓的真理，都只是这一过程中的阶段性成果。论证被想象讪笑，结论被假设挑衅，人类以其最优越的物种秉赋——智慧，让锐利无比的理性之刃，和绚烂无比的想象之花相克相生，相否相成。在形形色色的生活中，似乎没有哪一个领域如同科学探索一样，既是一次次伟大的理性历险，又是一次次极致的感性审美。科学家们穷其毕生所奉献的，不仅仅是我们无法发现的科学结论，还是我们无法展开的绚丽想象。在我们难以感知的极小与极大世界中，没有他们记历这些伟大历险和极致审美的科普著作，我们不但永远无法洞悉我们赖以生存的世界的各种奥秘，无法领略我们难以抵达世界的各种美丽，更无法认知人类在找到真理和遭遇美景时的心路历程。在这个意义上，科普是人类极端智慧和极致审美的结晶，是物种独有的精神文本，是人类任何其他创造——神学、哲学、文学和艺术都无法替代的文明载体。

在神学家给出“我是谁”的结论后，整个人类，不仅仅是科学家，也包括庸常生活中的我们，都企图突破宗教教义的铁窗，自由探求世界的本质。于是，时间、物质和本源，成为了人类共同的终极探寻之地，成为了人类突破慵懒、挣脱琐碎、拒绝因袭的历险之旅。这一旅程中，引领着我们艰难而快乐前行的，是那一代又一代最伟大的科学家。他们是极端的智者和极致的幻想家，是真理的先知和审美的天使。

我曾有幸采访《时间简史》的作者史蒂芬·霍金，他痛苦地斜躺在轮椅上，用特制的语音器和我交谈。聆听着由他按击出的极其单调的金属般的音符，我确信，那个只留下萎缩的躯干和游丝一般生命气息的智者就是先知，就是上帝遣派给人类的孤独使者。倘若不是亲眼所见，你根本无法相信，那些深奥到极致而又浅白到极致，简练到极致而又美丽到极致的天书，竟是他蜷缩在轮椅上，用唯一能够动弹的手指，一个语音一个语音按击出来的。如果不是为了引导人类，你想象不出他人生此行还能有其他的目的。

无怪《时间简史》如此畅销！自出版始，每年都在中文图书的畅销榜上。其实何止《时间简史》，霍金的其他著作，《第一推动丛书》所遴选的其他作者的著作，25年来都在热销。据此我们相信，这些著作不仅属于某一代人，甚至不仅属于20世纪。只要人类仍在为时间、物质乃至本源的命题所困扰，只要人类仍在为求真与审美的本能所驱动，丛书中的著作便是永不过时的启蒙读本，永不熄灭的引领之光。

虽然著作中的某些假说会被否定，某些理论会被超越，但科学家们探求真理的精神，思考宇宙的智慧，感悟时空的审美，必将与日月同辉，成为人类进化中永不腐朽的历史界碑。

因而在25年这一时间节点上，我们合集再版这套丛书，便不只是为了纪念出版行为本身，更多的则是为了彰显这些著作的不朽，为了向新的时代和新的读者告白：21世纪不仅需要科学的功利，还需要科学的审美。

当然，我们深知，并非所有的发现都为人类带来福祉，并非所有的创造都为世界带来安宁。在科学仍在为政治集团和经济集团所利用,甚至垄断的时代，初衷与结果悖反、无辜与有罪并存的科学公案屡见不鲜。对于科学可能带来的负能量，只能由了解科技的公民用群体的意愿抑制和抵消：选择推进人类进化的科学方向，选择造福人类生存的科学发现，是每个现代公民对自己，也是对物种应当肩负的一份责任、应该表达的一种诉求！在这一理解上，我们不但将科普阅读视为一种个人爱好，而且视为一种公共使命！

牛顿站在苹果树下，在苹果坠落的那一刹那，他的顿悟一定不只包含了对于地心引力的推断，也包含了对于苹果与地球、地球与行星、行星与未知宇宙奇妙关系的想象。我相信，那不仅仅是一次枯燥之极的理性推演，也是一次瑰丽之极的感性审美……

如果说，求真与审美是这套丛书难以评估的价值，那么，极端的智慧与极致的想象，就是这套丛书无法穷尽的魅力！

关于本书

我们靠太阳能源还能生存多久？恒星怎样诞生？又如何终结？什么是脉冲星和X射线星？什么叫超新星？黑洞是什么？

德国天体物理学家鲁道夫·基彭哈恩根据他本人的研究生涯撰写了本书。他生动地描述了当今人类对恒星漫长一生的认识，特别是恒星在能源耗尽之后如何演变的问题。当人们学会了用计算机来模拟恒星的结构和演化之后，对恒星的理解就变得更加深刻，这是单凭观测所不能达到的。

某期*Spektrum der Wissenschaft*[1] 中写道："外行盼望着一册全面介绍现代天体物理学的读物，要有科学依据，能反映当前成就与问题；既需内容确切可靠，又要写得紧凑生动，趣味盎然……"本书正满足了这种要求。

鲁道夫·基彭哈恩博士，1926年出生于捷克斯洛伐克的贝尔林根，1965年至1974年为哥廷根大学天文学与天体物理学教授，1975年起

1. 即美国科普月刊*Scientific American*的德文版。—— 译者注

任慕尼黑近郊加尔兴的马克斯·普朗克学会所属天体物理研究所所长。他的著作有《等离子体物理基础》(1975年)、《来自宇宙边缘的光线》(1984年)、《恒星的结构和演化》(1990年)等。

中译本序

鲁道夫·基彭哈恩

1987年3月1日于慕尼黑

1996年3月于哥廷根

本书能在中国出版，并为具有悠久天文学传统的中国文化界所了解，这给我带来了极大的愉快。不过，即使不讲中国的光荣科学史，我也不禁想起了1978年有幸在中国旅游3周的情景。尽管我已经游历过世界许多地方，但中国之行却是我平生最难忘的一次。从那时以来，中国已经在许多方面以快速的步伐向前迈进，其中也包括科学研究。因此我体会到，和一切别的国家一样，使这个国家的公众能够了解科学工作者在做什么、思考什么，他们花着国家或别的公共机构所拨的经费在干什么，是一件要事。我希望这本书在天体物理方面能够为完成这种任务贡献一份力量。

我非常感谢湖南科学技术出版社为出版本书所做的努力。特别是我要向两位译者——我的同行沈良照和黄润乾先生表示感谢。就我看来，他们的译笔十分细致。他们甚至发现了已经印刷5次的德文版和印刷数次的外文翻译版本中的若干小错误。

希望中国的读者们在阅读本书的过程中能分享到一些我在写书时所得到的乐趣。

前言

鲁道夫·基彭哈恩
1979年7月31日于慕尼黑

这本书的来历要追溯到我为相当广泛的听众所做的远不止100次的现代天体物理普及演讲。1978—1979年冬季学期期间，我为慕尼黑大学各个院系的广大听众编写了一套系统讲座教材，本书就此成形。在某些内容上，我的写法是紧扣阿尔弗雷德·魏格特（Alfred Weigert）和我发表在《恒星和宇宙空间》月刊上描述我们自己研究结果的普及文章。好多章节渗透了个人的回忆，因为本书所讲的不少事例是最近25年中涌现出来的，我因从事天文工作而亲身“经历了”这段过程。我和同事们也曾有幸亲自“插手了”其中的某些项目。

帮我纠正书稿错处、改善行文的朋友和同事很多。沃尔夫冈·希勒勃兰特（Wolfgang Hillebrandt）、约翰·基尔克（John Kirk）、汉斯·里特尔（Hans Ritter）、约阿希姆·特吕姆佩（Joachim Trümper）和维尔讷·恰努特（Werner Tscharnuter）帮助审改了书中各章。库尔特·冯·森布施（Kurt von Sengbusch）几乎审阅了全书并做了改进。我的一位友人，哥廷根数学家汉斯·路德维希·德弗里斯（Hans Ludwig de Vries）给了我很大帮助，他和我一起把书稿全文逐句校对了一遍，我很感谢他提出了许多建议。要是没有我妻子的持久勉励，这本书也许不会最终完成。乌尔苏拉·亨尼希（Ursula Hennig）和吉

泽拉 · 韦斯林（Gisela Wessling）承担了很大部分书稿的打字工作，我往往在刚打完字后又想修改，而她们总是耐心帮助我。我向所有帮助我完成本书的人们致以谢意。

我还要向皮珀尔（Piper）出版社诸位同仁表示感谢，他们不仅费了功 夫，而且还热心采纳了我对于本书出版形式所提的具体方案。

目录

绪　论

演出舞台是整个银河系，上场角色是它的千亿恒星和地球上的几百名天文学者。

导演是自然界的规律，因而宇宙物质具有明显的集聚成球的倾向，在我们的概念中这些球体就是恒星。恒星中的物质处在很高的温度下，以致固态和液态都不能存在。恒星是依靠自身引力保持成形的气体球，我们称其中之一为太阳。在一位外界的观察家眼里，把它和银河系中别的恒星相比，它是一颗既不特大也不过小，个子中等，亮度一般，在千亿繁星中一点也不突出的平凡恒星。太阳只是对我们才显得那么重要，因为我们的生存和它息息相关。

银河系的大多数恒星都处在一个扁平圆盘中，这个圆盘很大，光线从它的一侧对穿到另一侧，几乎需要10万年。恒星受引力和离心力作用而都在沿着复杂的轨道围绕圆盘中心运动，银河系圆盘在自转。此外，在宇宙中我们连同我们所处的恒星系统并不是孤立的，像仙女座大星云就是另一个由群星组成的自转盘状体系；图0-1（见前面彩图）是处在这个恒星系统外面的我们去观察它所看到的样子，因为是斜着看，我们把圆盘看成了椭圆形。仙女座大星云就像是我们银河系的一个翻版。我们这个恒星系统里有什么恒星品种、有什么变化过程，仙女座星系[1]注里也统统都有，而且情况不仅如此，因为像这样一类的天体系统，称为星系的，还有千千万万，也许多得不计其数。

图0-2（见前面彩图）是我们从上往下垂直地看另一个星系的样子。到1924年，人们才确信无疑地证明，那些遥远的、往往表现为螺旋形的云雾状东西和我们银河系是同一类天体系统。许多年以来，人们就在注意观察天上那些小小而暗淡的、往往呈椭圆状的模糊盘块，即所谓旋涡星云。早在1755年，当时31岁的伊曼努尔·康德（Immanuel Kant）在他的著作《自然通史和天体论》中就曾经把那些对象和我们自己的恒星系统对比分析："对于这样一个由恒星组成的世界（康德指我们的银河系），如果有一位处在它外面的观测者从非常遥远的所在去观望它，那么它就会呈现为一个角直径很小的暗淡物体；如果观测者从正面去看它，就会发现它是个正圆形；从侧面去看它，就会发现它是椭圆形。"康德因此得出结论，认为天上那些椭圆状的小星云就是远方别的银河系。他又写道："把这些椭圆形对象看作我们新近才阐明其状况的、和我们的恒星系统类似的天体系统，也可以说看成是别的银河系，那么这一切就都圆满地解释通了。"可是真正证实这种猜想，却又用了差不多200年工夫。

太阳连同我们人类是处在银河系中心平面附近。我们如果沿着垂直于银河系圆盘平面的方向往外空望去，看到的是稀疏星点，但如果沿着盘面向它的边缘望去，那么就会看到许多星星，图0-3正是反映

1. 当代学者对仙女座大星云的更确切称呼。—— 译者

这两种情况。这也就说明了为什么我们这恒星系统的扁平圆盘表现为一条横贯夜空的亮带：银河。图0-4是银河的照片。

可是，充满银河系圆盘的不仅是恒星，发光星际云表明恒星之间的空间并不是空无一物。银河系有1/100的质量不是集聚在恒星之中，而是布满于星际空间。它的化学组成虽然和太阳一样，但密度只有太阳十亿分之一的十亿分之一的百万分之一。这种星际气体中埋藏着微小的尘粒。星际尘云像层层厚纱削弱了背后传来的星光，并且像地球大气尘埃使落日变红那样造成远处星光的红化。星际尘粒很微小，直

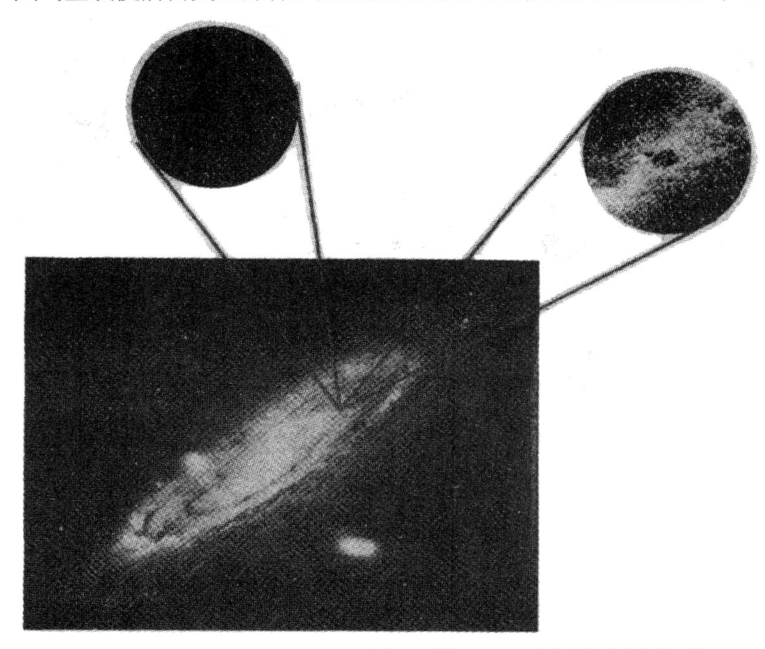

图0-3 以仙女座星系为例来说明我们所见的银河现象。圆盘中某行星上的一位观察者如果沿着远为偏离盘面的方向望去，所看到的大致就像左上小图：视场之中群星疏落；如果贴着盘面望去，那么就看见盘内众星像右上小图中那样形成一条亮带而跨越长空

径只有万分之一毫米。

在银河系中，恒星、气体和尘埃物质缓缓地运动，平均每1亿年围绕银河系中心运行一周。然而恒星世界却不是慢条斯理的。大批恒星已经一对对结合成双星，每隔若干年、若干天或几小时相互绕行一周。有的星按确切周期涨了又缩，缩了又涨，像是在做呼吸运动。不

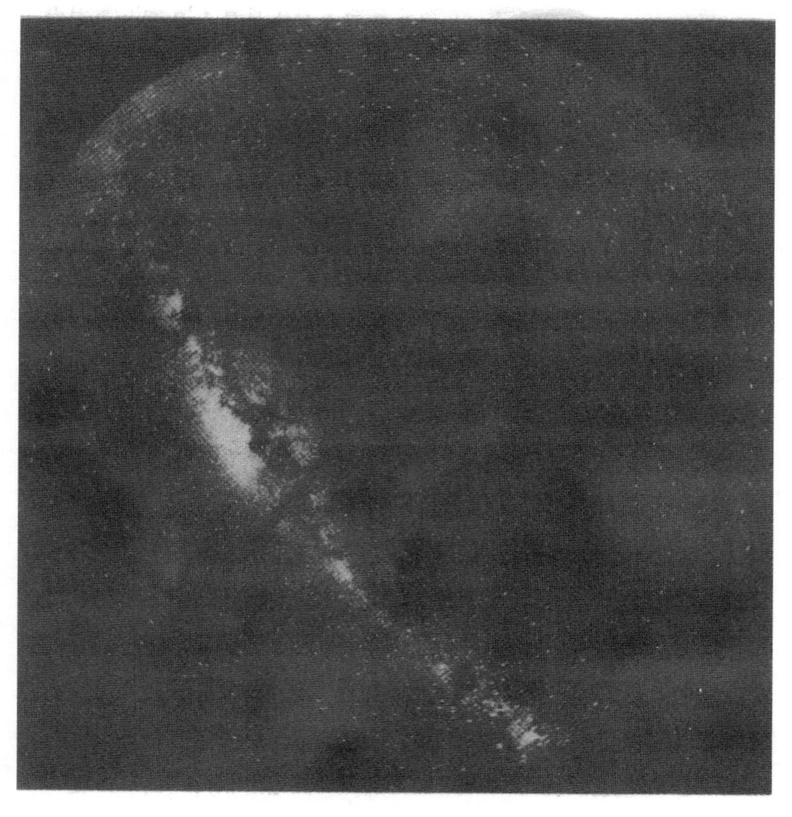

图0-4 用广角照相机拍摄的银河照片，其中的暗长条是照相装置造成的［鲁尔大学天文研究所W. 施洛塞尔（Schlosser）摄］

定相隔多长时间，便会发生一次爆炸把一颗星崩碎，使它暂时大放光明，和所在星系别的千亿恒星的亮度的总和差不多一样亮。还有的星不是平稳放光，而是每隔1/100秒发一道闪光，一道接一道，明暗相间。

面对这一宏伟自然奇观的是住在地球上的、试图理解宇宙万象的一小批天文学家，而地球则是绕着一颗叫作太阳的平凡恒星公转的一颗小小的行星。这些天文学家利用所住行星的资源建造了各种仪器设备，在各地天文台用它们来细测宇宙动静，又用火箭把望远镜送到妨碍观测的地球大气层外去进行探索。有不少同时代的人把他们误认为占星术家，可是他们丝毫也不愿同那类人物混为一谈。另外一些人则赞赏他们，因为他们的思维超出了由日常生活经验所能有效推理的范畴。研究工作使他们对大自然的了解，至少是对无机世界根源的认识深化了一步。但是跨出这一步的是客观治学的自然科学家，这样的人不会从自己所取得的专业成果中推导出道德准则来。从事探索天体、理解宇宙的伟业并不等同于使他们变得品质更优良、道德更高尚。他们的动力不单纯是探索未知的渴望。正像人类其他行业一样，追名逐利与同行竞争起着或多或少的作用，而且有的重大发现是来源于这类动机。然而，天文学家之中也照样有求知的热望，他们之间确实存在互助和友好合作，本书不少地方将反映这种实例。具体的研究结果既然是人们劳动的产物，就难免在许多方面不够完善，甚至还有相当程度的缺点与错误。但是天文科学整体，尽管它从巴比伦人的萌芽时期直到现代天体物理学经历了许多迂回曲折，毕竟还是走上了一条前进的大道。

舞台业已明确，角色俱已齐备，演出就可开始。

第1章
恒星的漫长生命

地球以每秒30千米的速度围绕着太阳运动。它的运行轨道接近于一个直径为3亿千米的圆。地球绕太阳运动时，朝向太阳的面（称为日面）受太阳照射，所接受的能量与它转到背向太阳时（处于夜面时）辐射出去的能量几乎相等。

由于能量的接受和发出交替进行，使地球表面能维持一定的温度，因而使这颗行星变成我们可以居住的。严格地说，并不是所有入射的太阳能量又全部被辐射出去，有一部分以化学能方式储存于植物之中，人类和动物就是依靠储存在植物中的能量来生活的。当我们用煤和石油取暖时，我们就是利用了植物在地球早期阶段所吸收的能量。同样，水电站的涡轮机也是由太阳能所驱动，因为太阳的辐射蒸发了大洋中的水，通过下雨而存储在河流之中。朝向太阳的地球表面每平方米接受太阳能的功率为1.36千瓦，整个地球表面所接受的辐射功率接近于200万亿千瓦，但是，如此巨大的能量与太阳每秒向各个方向辐射出去的能量相比，却仍然是十分微小的。采用千瓦为单位来计算太阳的辐射功率，则需要一个24位的数字。但在这个能量中只有极微小的一部分被地球所接收。

太阳的能量是从哪里来的

太阳年复一年地以巨大功率向宇宙中发出光和热，即辐射出能量。它已辐射了多久，并且还能辐射多长时间？它会不会随着时间消逝而不断减小辐射，使地球上的生命被冻僵？或者它会慢慢地增大它的辐射，使地球上的大洋沸腾而生命告终？自从人们对太阳进行有目的的观测以来，即使采用最精密的仪器，至今也没有测出太阳的辐射强度有缓慢变化的迹象。根据在地壳最古老的沉积层中所发现的有机生命痕迹，也可看出太阳自很久以来就以不变的光度进行辐射。太阳长时期以来就这样强烈地辐射着，才使地球上有生命存在。在南非的特兰斯瓦尔，人们在翁弗瓦赫特地层的硅化岩中发现了和今天的蓝藻有相同复杂结构的、相当进化的单细胞组织。这证明了早在35亿年以前地球上就有生命存在，那时的太阳也必定具有和今天大致相同的光度。

太阳内不可能储藏无限多的能量，因为它是一个有限的物体，由有限的质量所组成。我们可以测定它的质量，因为质量可以通过引力来显示。地球和众行星围绕着太阳运动，由于受太阳质量的引力作用而被约束在一定的轨道上。根据每一瞬时离心力和引力相等的原理，可以算出太阳引力的强度，进而计算出太阳的质量（附录C）。若以吨为单位来计算太阳的质量，就需要一个28位的数字。维持我们生命的太阳辐射功率就是来自这些太阳质量，计算表明，每克太阳物质在1年内必须辐射出大约6焦耳的能量。乍看上去它似乎不算太大，因为人体每克物质所发出的热量还比这个数字要大1000倍以上。但不同的是，人们为了补偿这个能量损失，必须每天吃东西，而太阳几十亿年以来却是靠自身来维持辐射。

太阳在长时期内以很大功率辐射出去的能量是从哪里来的？是不是主要来源于化学变化？我们研究一种最简单的释能化学过程——燃烧。如果太阳由烟煤组成，它的燃料只能补偿5000年的辐射，然而太阳早在几十亿年以前就在向外辐射了。因此如果碳是太阳的燃料，那么太阳炉早就熄灭了。所有其他化学过程也和燃烧一样产能都太少，不能作为太阳的能源。

19世纪末人们曾经进行过很多尝试，以寻求太阳的能源。由于太阳内部的化学过程所产生的能量都太少，导致人们联想太阳是否可能从外部吸热。在我们太阳系内充满了很多小的固态物体，它们运动于行星之间，被称为流星。流星现象是我们所熟悉的。当一颗流星闯入地球大气层时，它被加热烧毁，在天空中发出亮光。某些流星在大气层中不能完全烧尽，残余部分会落到地球上，这就是现在我们在博物馆中看到的陨石。太阳巨大的引力也必定能吸引很多在太阳系中运动的流星，它们将以很大的速度撞击太阳，碰撞时它们的动能转变为热能，是否这样产生的热可以补偿太阳的向外辐射？撞击太阳的流星物质，每克可以提供大约1.9亿焦耳的能量。为了补偿太阳的辐射，每年必须有大约为1/100地球质量的流星物质落到太阳上。太阳质量的增加可以通过太阳的引力变强而被觉察到。它能使地球绕太阳的运动发生变化，例如最近2000年地球轨道长轴要明显缩短。但是根据古代关于日食和月食的记载，没有发现太阳系运动状态有能测量到的变化，因此“流星假说”是不成立的。太阳不是由撞击它的流星所加热。

假若太阳可以将自身的引力能释放出来，这也是一种可能的能源。早在19世纪，赫尔曼·冯·黑尔姆霍茨（Hermann Von

Helmuholtz）——一位多才多艺的物理学家和医生，就已注意到这个可能性。如果太阳没有某些能量的输入，它将会随着时间的推移收缩，它的半径将会变小。每克太阳物质会缓慢地向太阳中心靠近，即以较大的减速度下落。正如流星物体下落一样，这里也释放出能量。和流星假说不同，在这里是太阳物质自身的“下落”，但保持太阳的质量以及它对地球的引力不变。这个过程只能维持大约1000万年的太阳光度，仅仅是太阳已辐射几十亿年的1/100。因此结论是太阳自身的引力能释放不能补偿太阳的辐射。

太阳和恒星里的核能

今天我们知道，核能是已知产能率最大的能源。我们使用的电有一部分是由核电站所提供。在核电站内，重的铀核被分裂为轻的原子核，原子核分裂时会释放出能量。假如能使轻原子核聚变为重核，并获得有用的能量，那么这样的核电站会产能更多，特别是氢核聚变的产能率最大。

太阳像大多数恒星一样，主要是由氢组成。因此我们要问，太阳的辐射是否可能由氢聚变来补偿？以后我们将会看到，氢的聚变确实是太阳的能源。在第3章里我们将要详细讲述在恒星内进行的核过程。不过在证明核反应维持了太阳的生命，从而也维持了我们的生命以前，我们应假想一下，假如在太阳和恒星内氢原子不断地聚变为氦原子，并释放出核能来维持恒星的辐射，其后果是什么。

当1克氢原子核聚变为氦核时，可以从这1克物质中释放出6300

亿焦耳的能量，这相当于燃烧相同质量的烟煤所获取的能量的2000万倍。因此核能可以使太阳的寿命延长2000万倍，达到1000亿年的寿命。这样我们终于找到了一种可以维持太阳辐射达数10亿年的能源，即氢转变为氦时所释放出的核能。据估计，太阳中的氢所能提供的核能可以维持太阳辐射1000亿年，实际上这有点过于乐观了。因为太阳只有70%是由氢组成，所以它的核“燃料”要小于估计值。正如以后我们将会看到的，如果在一颗恒星内有10%～20%的氢被燃烧掉，它就会明显地呈现出核能被耗尽的种种现象。所以我们认为，太阳可以均匀辐射约70亿年，这个时间显然比地球上有生命存在的时间长得多。

正像我们用肉眼所看到的7000颗恒星或是用望远镜所看到的数目更多的恒星一样，太阳也是一颗恒星。除少数例外，它们主要是由氢组成。假若它们的辐射完全是由氢聚变为氦所提供，那么可以计算出它们所储存的核能可以维持多长时间，对于太阳是70亿年。不过还有更早就把氢消耗尽的恒星，例如室女座中最亮的一颗恒星——角宿一。由于有一颗伴星围绕着它运动，所以我们能测定它的质量（附录C），它的质量大约是太阳质量的10倍。我们还知道它的辐射比太阳强10000倍。由于质量大，它所储存的核燃料约为太阳的10倍，因此它的辐射比太阳大得多，使得它把氢耗尽的时间比太阳短1000倍。这样角宿一只能辐射几百万年。相对宇宙历史长河来说，这样的时间间隔确实很短。我们只要想一想，早在100万年以前地球上就已经有像爪哇森林中的猿人那样的高级哺乳动物了[1]。

恒星的衰老

太阳和其他恒星的核能储备量虽然很大，但是随着时间的流逝它终将耗尽，恒星必然会变老。我们能否成为恒星生命史的直接见证者？我们能够跟踪天空中的某颗恒星，看着它是怎样逐渐把能源耗尽而最后消失掉吗？以太阳和角宿一为例，如果以人的生命历史来衡量，它们的变化进行得如此之慢，以致现在用肉眼所能看到的恒星的性质与公元前150年古希腊天文学家喜帕恰斯（Hipparchus）所看到的没有差别。在我们这颗行星上出现懂科学的智慧人类以来的时间很短，人类至今还不能直接记录恒星随时间的演化过程。虽然我们也发现一些恒星的亮度会随时间的变化而变化，但这只是一些起伏现象，与恒星的演化效应不是一回事，可以把它们比作蜡烛中的火花。火花与蜡烛中存储的能量全部耗尽，即与蜡烛烧尽没有直接的关系。我们没有直接观测到恒星的老化现象。假如我们能有足够长的时间等待，那么应该能够觉察到恒星的衰老。

一个想要知道恒星随时间演化规律的天文学家，可以和一只想在短暂生命中了解人类衰老过程的果蝇相比拟。我们置身于它的地位来想想：如果它从早到晚总在观察一个人，那么它不会发现这个人有明

---

1. 我经常在一些报告中用爪哇猿人作例子。有一次一位德国有名报纸的记者找我说，他想把这个报告写一篇文章，但是他还需要有照片，问我是否知道从哪里可以得到一张爪哇猿人的照片。我指出，我实际上是在讲恒星，只是在一个附带的例子中提到猿人。如果给出几张爪哇猿人的照片，会使人对我们的主题产生错误的印象。他考虑了一下说：“我明白了，那么我们就用一张您的照片吧！”

显的衰老。人变老远比果蝇变老要慢得多。果蝇可以观看到各种类型的人：女人和男人，矮个子的和高个子的，浅色皮肤的和深色皮肤的。它并不知道它所看到的是不同类型的人还是同一类型而处于不同老化阶段的人。它只是在它的生命中看到人类的一个瞬时的情形。它不知道一个矮人是不是永远是矮的，浅色皮肤的人会不会演变成深色皮肤的人，男人会不会变为女人。当我们观测恒星时，我们也处于同样境地。我们只看到恒星总体的一个瞬间图形，看到有各种类型的恒星，例如看到有一颗奇怪的星围绕着天狼星转动。

天狼星的伴星

天狼星是夜空中最亮的恒星。1844年柯尼斯堡天文台的台长弗里德里希·威廉·贝塞尔（Friedrich Wilhelm Bessel）观察到天狼星在天空中进行很小而规则的周期运动（图1-1）。贝塞尔由此得出结论，天狼星肯定有一颗伴星，它和伴星一起围绕着共同的重心以50年为周期进行运动。因为当时不曾看到这颗伴星，这个推测曾经遭到怀疑。1862年美国剑桥港的一位有名的望远镜制造者阿尔万·乔治·克拉克（Alvan George Clark）检验他为芝加哥天文台制造的一台折射望远镜的光学系统。当他把望远镜对准天狼星时，他发现在紧靠亮星的地方有一颗很暗的、勉强能观察到的小星，它就是贝塞尔推测的天狼星的伴星。

今天我们对这两颗星有了更多的了解。它们每隔49.9年绕共同的重心运动一周。通过对这个双星系统的运动情况的研究，可以知道它们是由引力而联系着的双星，主星称为天狼A，质量为2.3个太

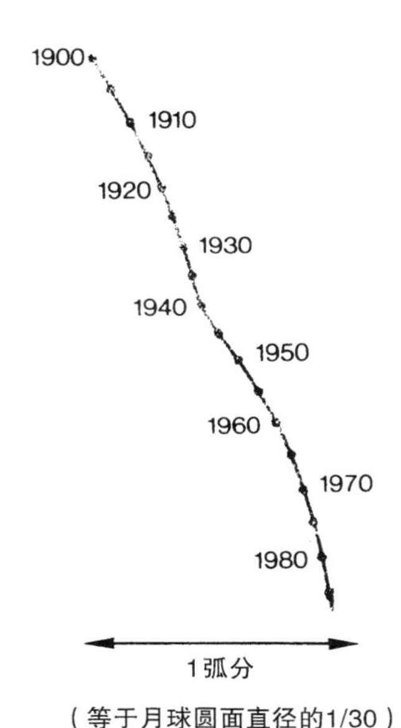

图1-1　1900—1985年天狼星在星空中的位置。和所有所谓恒星一样，天狼星在天空中也慢慢地运动。在图的左上方至右下方给出了它的运动路线。产生这个运动的原因是它在银河系中沿着和太阳不同的轨道运动。从图中还看出，1940年前后在天狼星的均匀运动中发生了一个规则的周期为50年的扰动。由下面的尺标可以看出，无论是均匀的运动还是扰动，都没有使恒星在天空中的位置发生明显变动，我们也只能用很精密的测量仪器才能确定它的运动，很有规则的重复出现的扰动是由于有一颗围绕主星运动、发光很弱的伴星造成的。它每隔50年运动到靠主星最近的地方，并对主星的均匀轨道产生扰动

阳质量。长期测不到的第二颗星称为天狼B，它的质量比较小，大约只有1个太阳质量。这两颗星完全不同。天狼A相当于太阳的2倍，在它内部平均每立方厘米体积中包含0.25克的物质，比太阳内部每立方厘米体积中所包含的物质少（太阳每立方厘米体积中含1克物质）。天狼B的半径约为太阳半径的1/100，但它的质量却和太阳质量相同，所以在它的内部物质被压缩的程度比在太阳内部强100万倍。可以算出在它内部每立方厘米体积中将包含1000千克的物质。可见天狼星

系统是由两颗性质完全不同的星组成！人们知道很多像天狼B这种类型的星，它们也有以单星形式出现的。它们当中大多数表面温度很高，辐射出白光。同时由于它们的直径很小，所以叫作白矮星。

御夫座的超巨星

白矮星内部的物质密度比太阳大100万倍。但是我们还发现有的恒星内部物质密度比太阳小得多。和天狼星双星相似，我们还要研究一颗在一个双星系统中密度极低的有趣的恒星。

当两颗恒星由于引力作用在同一条轨道互相围绕运动时，它们就是天文学家乐于了解的对象。通过研究它们的运动就可以了解产生引力场的天体质量的大小。而如果很凑巧，从太阳系来看这两个天体的运动经常使它们处于前后互相遮掩的位置，那么对天文学家的研究就特别有利。有许多双星系统就表现出具有这种掩食的现象。其中有一类，它们的两颗子星非常靠近，两颗星的光线总是汇聚成一个光点，即使在最好的望远镜中也无法把它们分辨开来，亮度总是由两颗星的辐射合成。如果一颗星移到了另一颗星的前面，并把后面的星遮住，那么在掩食的期间我们将会接受到较少的光，汇聚成一个小星点的光将要变弱，直到前面的那颗星由于本身的运动不再遮住后面的星才又恢复。因为它们的亮度是随着时间变化的，人们把这类双星称为食变星。

根据亮度怎样降低到最小值然后又上升的方式，以及根据在掩星和被掩星的位置互相交换以后掩食的变化情况就可以了解两颗星的性质。在这里叙述这些，是因为在20世纪30年代由食变星提供了研究一颗特殊类型的恒星即超巨星的可能。准确地说，这是人们事先曾经设想过的，它涉及御夫座中心的一颗星，即御夫座ζ星。天文学家早就知道它是双星，但不是像天狼星那样可以在望远镜中分辨开的双星。通过对它的光变进行仔细研究，天文学家发现它似乎是由一颗较热和一颗较冷的星组成的双星，并推断它必定是食变双星系统。

1931—1932年的冬天，巴伯尔斯贝格的天文学家赫里贝特·施内勒尔（Heribert Schneller）和莱比锡的天文学家约瑟夫·霍普曼（Josef Hopmann）利用光度计，即用精密的测量仪器来测量这颗星的亮度，并肯定地发现了掩食现象。亮度在24小时内降低了65%（图1-2），然后维持变弱的亮度37天不变，以后又在24小时内上升而恢复到正常的亮度。上述过程每隔972天重复一次。

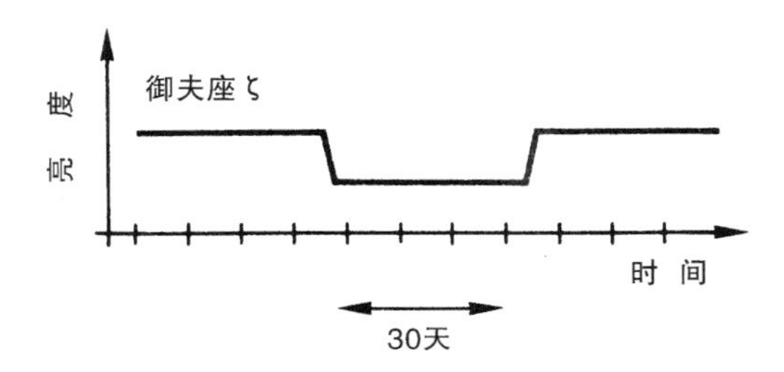

图1-2　御夫座ζ星的光变曲线。亮度在一天内降低65%，然后维持37天光线减弱。亮度回升到正常值也是在1天以内。经过972天以后，又重复上述变化

对掩食过程的研究可以得到许多有关双星系统的信息。这里简短给出其主要结果：热星御夫座ζB的表面温度约为11000度，它比太阳的温度大约高2倍。它的质量约为10个太阳质量。较冷的星御夫座ζA

的表面温度约为3400度（太阳的表面温度约为5800度[1]）。御夫座ζA的质量可达22个太阳质量。令人吃惊的是，它的半径比太阳半径大200倍！因此，这颗星是巨星。它是如此巨大，以至于在这颗星内不仅可以容纳太阳，而且可以很轻易地容纳地球绕太阳转动的整个轨道！当热星消失在巨大的冷星后面并在它后面隐藏的37天内（图1-3），我们将观测到亮度的极小值。如果热星移到了冷星的前面，它只能掩盖冷星的一部分，而冷星被掩盖的这部分面积对系统总光度的影响反正不很大，因此第二次的掩食不会察觉出来。

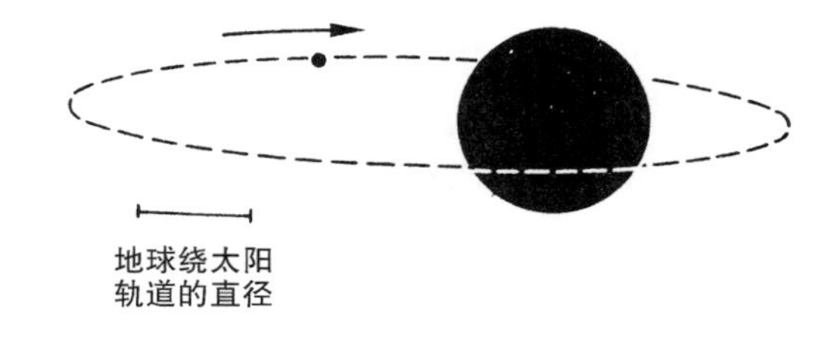

图1-3 假设御夫座ζ双星系统可以在地球上用望远镜清楚地观察到。实际上这两颗星是分不开的，因为它们的光汇聚成一个光点。小星的光占总光的一半以上，当它有37天位于大星的后面时，我们只看得到大星的光，观测到的系统的总亮度将下降（图1-2）。小星以972天的周期围绕大星转

现在我们对于御夫座ζ双星中的两颗星有了进一步的了解。热星和太阳以及天狼A没有太大的区别。虽然它的质量较大，半径也大一些，但是它的平均密度即每立方厘米体积中所包含的质量和太阳很接近，为每立方厘米中包含1/3克物质。但冷星则完全不同，它每立方厘米的体积中只包含百万分之三克的物质。人们称这类星为超巨星。

至此我们已经知道了性质截然不同的3种类型恒星：

1. 这里以及全书，如果没有其他说明，都是采用绝对温标，其零点是－273℃。由绝对温标换算成摄氏温标，只需减去273度，因此太阳的表面温度约为5530℃。

正常恒星（暂时我们还可以这样来称呼它们）：如太阳、天狼A以及御夫座ζ星中的热子星，它们的平均密度为每立方厘米十分之几克到几克。

白矮星：它们的平均密度特别高，达到每立方厘米1000千克。

超巨星：它们的密度只有每立方厘米百万分之一克。

虽然这3类恒星即使在最大的望远镜中都是以很小的光点出现，除了颜色和亮度有些区别外，初看起来都是一样的，然而对它们所进行的肤浅的研究也使我们了解到，恒星世界有各种各样的表现形式。为了让人们了解恒星繁多的表现形式，我们还需要将包括太阳在内的银河系的大约千亿颗恒星理出头绪，找出规律来。

第 2 章
天体物理学家最有用的关系图

在前一章中我们已经看到，恒星的种类繁多，有质量大而亮的蓝星和质量小的红星。有大的红星、红巨星和超巨星，也有小的白星和白矮星。我们的生命虽很短暂，但却希望把种类繁多的恒星按时间顺序理出头绪来。

今天这个问题已经得到解决，至少人们已在实质上认识了恒星的演化规律。为了知道是怎样才达到这一点的，首先需要将各类的恒星进行整理和规序，也就是把所有观测到的恒星依据某种可以测量的判据加以排序。

测量恒星的两种特性和恒星的归类

恒星的表面温度是描述恒星性质的重要的量。因为不同的温度表现出不同的颜色，所以测量温度相对来说是比较容易的。当我们观测恒星时，多数人不知道恒星有不同的颜色。只有通过比较不同颜色滤光片拍摄的天空照片，人们才能确定恒星的颜色。蓝色恒星是热星，而红色恒星是比较冷的星。然而颜色只能作为判别温度的大致依据，要得到准确的数值，还应对恒星光谱进行研究。原则上说，我们可以直接测定天空中所有足够亮的恒星的表面温度。如天狼A，即天狼双星系统中的主星，表面温度约为9500度，是一颗热星。在猎户星云天区内，可以找到表面温度高达20000度的星。但是猎户座中最亮的一颗星——参宿四却是一颗红色的星，它的表面温度只有3000度，所以它也是一颗冷星。我们回忆一下，太阳的表面温度还是5800度呢。恒星另一个重要的量是它的光度。它表示恒星每秒向空间辐射出的能量。我们不能通过观测直接测量出恒星的光度。人们可以测量出恒星在天空中的亮度，但它还不能告诉我们恒星向空间辐射出的能量到底是多少。光度相同的恒星，如果与我们的距离不同，在天空中的亮度也是不同的。根据光的传播定律，距离较远的恒星比光度相同但距离较近的恒星显得暗一些。只有知道了恒星的距离，才能根据它在天空中的亮度计算出它向空间辐射出的能量。在附录B中给出了天文学家测量恒星距离的方法。只有测定出恒星的距离，它的光度才能确定。太阳是天空中最亮的恒星，然而它的光度和其他恒星相比却是比较小的。光度最大的恒星每秒辐射出的能量比太阳大100000倍，但是由于它们距离很远，在天空中只呈现为一些小的光点。此外还有一些很暗弱的恒星，它们的光度只有太阳光度的十万分之一。

现在我们已经了解了恒星的两个重要的、可测量的特性，即恒星的表面温度和光度。那么在宇宙中恒星的这两个量是不是可以任意组合？例如是否存在光度大的热星和冷星？是否还有光度小的热星和冷星呢？

赫罗图

天文学家用恒星的表面温度和光度作为坐标轴所得到的图来论证这些问题。赫罗图以绝妙的方式帮助我们找到了恒星演化的规律，所以我们要研究它。根据它的发明者丹麦天文学家埃依纳尔·赫茨普龙（Einar Hertzsprung）和美国人亨利·诺里斯·罗素（Henry Norris Russell）的名字，它被称为赫罗图。为简单起见又称为HR图。在这个图中纵轴向上为恒星的光度，横轴由右向左为恒星的表面温度（图2-1）。如果我们根据恒星的颜色确定了它的温度，就得到了赫罗图所需的两个重要量当中的一个量。如果又知道了它的距离，就可以根据它在天空中的亮度计算出它的光度，进而得到赫罗图所需的两个量，并且可以在赫罗图中将这颗恒星用一个点来代表。图2-1中标出了已经为人们所熟知的一些恒星。在图下方横轴上的温度刻度不够均匀是出于技术上的原因，这里不去讨论它。左边纵轴表示光度的值。若光度值为1000，表示恒星的光度是太阳光度的1000倍。即太阳的光度值为1。由于太阳的表面温度为5800度，所以它位于赫罗图的中间部分。光度比太阳大的恒星位于太阳的上面，光度比太阳小的恒星，如天狼B（天狼双星中的白矮星）位于太阳的下面。比太阳更热的星，如天狼A和御夫座ζB（御夫座ζ双星中的热星）以及角宿一位于太阳的左边，而比太阳较冷的星，如参宿四和御夫座ζ双星中的超巨星，则位于它的右边。

赫罗图中的点的位置已经能说明一些恒星的性质。因为冷星的光为红色，热星的光为白色或蓝色，所以图中红星位于右边，白星或蓝星位于左边。图的上边是光度大的恒星，下边是光度小的恒星。因

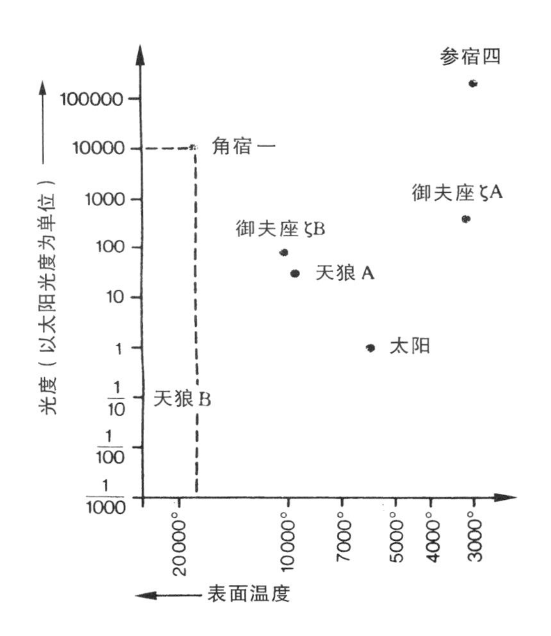

图2-1　标有已知恒星的赫罗图。如果知道恒星的表面温度，就可以在横坐标轴上找到对应这个温度的点，从这点出发向上做一条直线。如果又知道该恒星的光度，于是可以在纵坐标轴上找到对应于这个光度值的点，从这点出发向右作一条直线。两条直线相交的点就代表这颗恒星。示例图中通过两条虚直线的交点标出了恒星角宿一（表面温度18000度，光度为10000个太阳光度）

此右上方的恒星是有很大光度的冷星。一个冷天体的每平方厘米表面积每秒只能辐射出很少的能量，但由于这颗星又能辐射出很大的能量，说明它必定有很大的表面积，必然是一颗很大的星，即位于赫罗图右上方的恒星是大的恒星，人们称它们为红巨星和红超巨星。我们在一个已知的特殊例子中已证实了这一点，即御夫座ζ双星中的主星是一颗巨大的星，在它的内部可以容纳地球的轨道。用相同的方法可以讨论赫罗图的左下方。位于那个区域的恒星是光度较小的热星。热星每平方厘米表面积每秒可以辐射出很多能量，但由于这颗星辐射出去的总能量很少，所以它必定是一颗很小的星。位于赫罗图左下方的星是白矮星。天狼星的伴星，即天狼B就是其中的一颗。

一般地说，根据恒星的光度和表面温度可以确定恒星的大小。因为通过温度可以知道恒星每平方厘米表面积辐射出多少能量，而光度可以给出恒星的总辐射能量，那么用简单的除法就可以得出恒星的辐射面积有多大，从而求出恒星的半径。

在用赫罗图来回答恒星随时间演化问题之前，我们还要先说明一点，就是恒星的总辐射是很难测量的。地球大气不允许所有辐射都能通过，例如短波段的紫外辐射就不能达到我们地面。即便是已到达大气层底部的辐射，对它们进行测量也是很费力的。因为人的眼睛只能观察到太阳和恒星辐射中的一部分。同样，照相底片也不能感受所有的光。眼睛和照相乳胶对不同颜色的光的接受本领是不同的。由于这个原因，在多数情况下我们就用肉眼接受的辐射去代替恒星的光度。为了测量肉眼接受的辐射，需要一种和肉眼的色灵敏度相同的仪器，这种仪器的色灵敏度可以用滤光片来调整。在赫罗图中常常采用肉眼的目视光度代替恒星的光度，并称之为目视光度。[1] 采用目视光度并没有使赫罗图有本质的变化。在本书的图中，当我们给出观测数据时，我们只是用目视光度（即在可见光范围内的辐射），然而当我们给出计算机数据时，则是用恒星的光度。在所有的图中我们都将说明所采用的是什么类型的光度。

---

1. 为了说明恒星的光度和目视光度的区别并非很小，可以举出一颗有10个太阳质量的恒星，例如角宿一。它的总辐射比太阳的总辐射大1万倍，然而它在可见光范围内的辐射只比太阳大1000倍。

邻近太阳的恒星

我们已具备了利用赫罗图进行工作的所有先决条件。首先从离太阳最近的恒星开始。这里所指的恒星是距离我们不超过70光年的恒星。这个距离的确是很近的，因为在我们银河系中距离最远的恒星的光大约要走70000年才能到达天文学家的望远镜中。现在我们所接收到的来自宇宙最远的星系的光和射电波都是在几十亿年以前，当宇宙还很年轻时发出来的。所以我们所讨论的恒星是距我们最近的恒星。然而它们又比太阳远得多，光从太阳到地球大约只需8分钟，而光从离我们最近的一颗恒星——南天的半人马座比邻星发射到我们这里就需要4.5年。

离我们最近的恒星之所以重要，是因为我们可以比较准确地测量出它们的距离（附录B），然后再根据它们在天空中的亮度计算出它们的光度。当然；这里所指的是目视光度，是用带有可见光波段滤光片的光度计测量出来的。为了得到表面温度，还需要用蓝光滤光片去测量恒星的亮度。根据在蓝光波段和在可见光波段（更靠近红端）测得的恒星的亮度，可以知道恒星的颜色，从而得到恒星的表面温度。当确定了恒星的表面温度和目视光度以后，就可以在赫罗图中标出一个点。图2-2是邻近太阳的恒星的赫罗图。可以看出，图2-2中的点不是均匀分布的。大多数恒星的点都落在由左上方往右下方，即由光度大的蓝星向光度小的红星延伸的一条带内，有一些恒星是在右上方的红巨星区域内，在左下方有3颗白矮星。

有90％的恒星位于这条带内，所以天文学家把这条带称为主序。

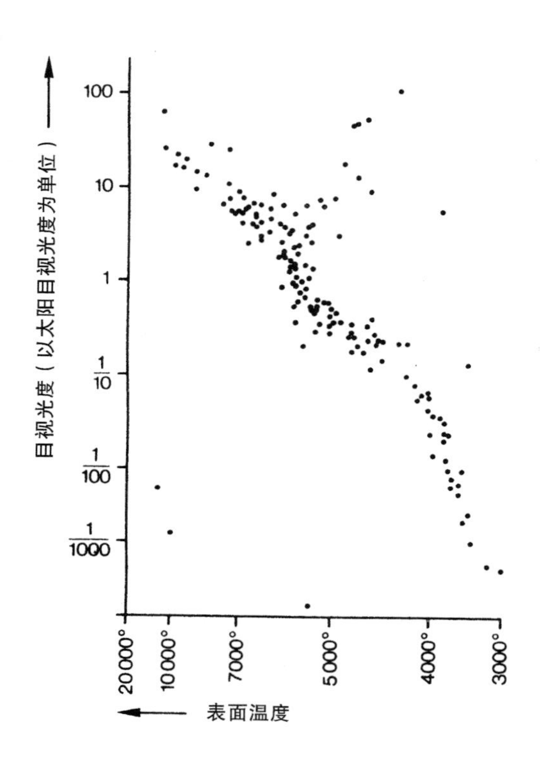

图2-2 邻近太阳的恒星的赫罗图。多数恒星的表面温度和光度使它们在赫罗图中的点落在一条由左上方往右下方延伸的带内。这条带称为主序。有几颗恒星在右上方，它们是红巨星；有几颗恒星在左下方，它们是白矮星

与图2-1相比较可以看出，太阳、天狼星以及角宿一都在主序上，但御夫座ζ双星中的冷星——参宿四和天狼星的伴星不在主序上。天体物理学家把落在赫罗图中主序上的恒星称为主序星，它们是太阳附近的所谓正常恒星，而巨星和白矮星则不属于这类星。

主序星具有一系列重要的并和它们的质量有关的性质。人们只测出少数恒星的质量。因为只有当一颗伴星在恒星的重力场中运动时，

才能在一定程度上确定它的质量。我们曾经提到通过行星的运动可以确定太阳的质量。根据天狼星伴星的运动我们得知，天狼A的质量为2.3个太阳质量，其伴星大约为1个太阳质量。用这样的方法人们已经确定了一些恒星的质量（附录C给出了这个方法的基本原理）。质量最大的恒星为30～50个太阳质量，而质量最小的恒星只有太阳质量的十分之几。

对于能够借助伴星测量出质量的主序星，可以获得以下一些令人吃惊的结果：一定质量的恒星只能位于主序的一定位置上（图2-3）。

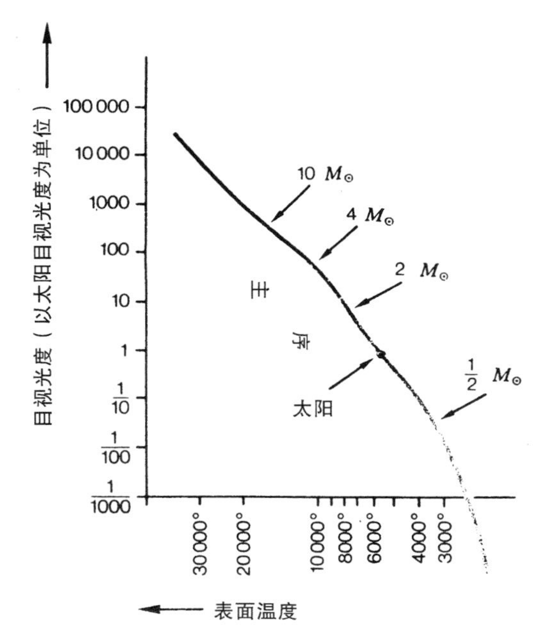

图2-3　赫罗图中的主序，一定质量的恒星只能位于主序上的一定位置（天文学家把太阳的质量当作质量单位，并用符号M⊙表示）

质量小的主序星位于主序的下端，而质量大的则位于主序的上端。沿着主序由下往上质量慢慢地增大。同时由于在赫罗图中光度也是由下往上增大，由此可知，光度越大的恒星，其质量也越大。如果我们知道两颗主序星谁的光度更大，则同时也就推知谁有较大的质量。还可以更进一步讲：对于主序星，可以根据它的光度直接确定它的质量。图2-4给出了主序星的光度随质量变化的关系。天文学家把这个规律称为质光关系。特别是我们很熟悉的主序星，如太阳、天狼A和角宿一等都满足这个关系，而白矮星、天狼B因为它们不是主序星就不满足这个关系。

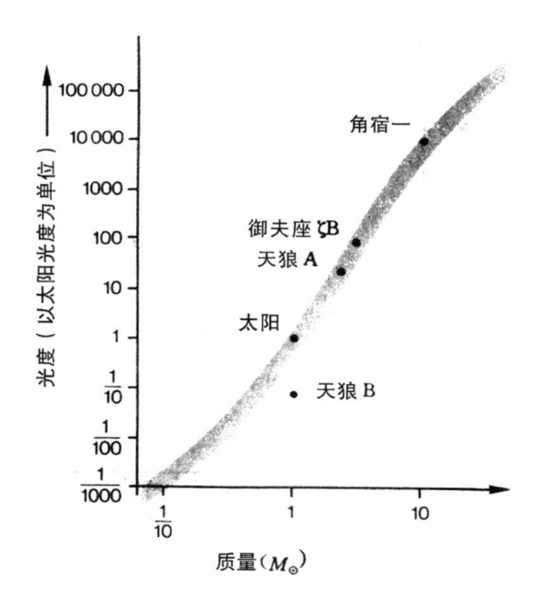

图2-4 如果在一个图中纵轴向上表示光度，横轴向右表示质量，则主序星将落在一条窄带内。恒星的质量越大，它的光度也越大，这就是质光关系。不过这只适用于主序星。图中标出了天狼星的伴星——天狼B，它的光度低于相同质量主序星的光度，它不满足这个关系

这样，当我们把能够观测到的邻近太阳的恒星列序时，就发现两个规律：一是在赫罗图中有一条主序存在；二是主序星满足质光关系。

那么它们和恒星的演化规律有什么关系？果蝇的印象问题又再次在这里浮现。我们看到了不同性质的恒星，就好像果蝇看到了不同性质的人一样。我们在主序上找到了某些外部特性的规律，但我们不知道应该怎样去解释它们。我们的情况也和果蝇很相似。果蝇可以将人按耳朵的大小进行排列，但却不知道随着时间的流逝人的变化规律是什么样的。

我们已经知道人的变化情况，就可以给果蝇一个暗示。我们可以这样告诉它，人类中存在相同年龄的人群组成的年级。果蝇知道以后就能立即确定，人的性别和肤色不是演化效应，不同性别和不同肤色的人不是处于不同年龄级别的人。但是果蝇会感觉到，人体的大小和年龄是有关的。天文学家很幸运，他们发现了天空中恒星的“年级”，也就是发现了年龄相同的恒星集团。

星团——恒星的“年级”

我们发现有些恒星有成群的现象，它们在天空中挤在一起形成星团。有的星团早在古代就已为人知，例如古希腊和古罗马的诗人就提到七姊妹星，即昴星团（图2-5，见前面彩图），用肉眼就可以看到它们中最亮的6颗星。实际上还有很多暗星，已肯定的就有120颗星属于这个星团，很可能这个星团有数百颗星。所有昴星团的星都挤在一个很小的空间内，光线从星团的一端到另一端需要30年。试想以太阳为中心直径为30光年的球内仅有20颗恒星，就可知昴星团确属恒星聚集的结果。昴星团恒星不仅拥挤在宇宙的一定区域内，而且它们以相同的速度朝同一方向运动。根据它们有着相同的位置和相同的运动就可以得出结论：昴星团的星有相同的发生史，即它们是同时产生的。

同样的情况也适合于其他星团，如毕星团，它在古代就已经是人们所熟悉的一个星团。更为特殊的是所谓球状星团中的恒星有着共同起源史，球状星团由5万~5000万颗恒星组成（图2-6），在它们的中心区域内的恒星密度常常比太阳附近的恒星密度大10000倍。假如太阳属于某一个球状星团的话，那么在行星上的观测者所看到的星空将会是怎样壮观的景象！

星团中恒星的光度和表面温度是怎样分布的？也许和图2-2给出的邻近太阳的恒星的分布相同？是不是星团中的大部分恒星是主序星？如果看一下它们的赫罗图，就会发现它们之间有着本质的区别。虽然有几个星团的赫罗图和昴星团的赫罗图（图2-7）一样，所有的星的确是在主序上，但是大多数星团的特点是只有暗的，即光度较小的主序星。这就是说，找不到一条完整的主序带。由于没有较亮的主序星，于是就没有主序中光度较大的那一段。不过在这些星团中却包含有光度很大的红星，即红巨星和超巨星。这种情况可在图2-8所示的毕星团的赫罗图中看到。更为明显的是图2-9所示的球状星团的赫罗图。那里只有主序的最下端有恒星分布，而几乎所有的亮星都分布在主序的右边。如果将不同星团的恒星都标在同一个赫罗图中，如图2-10所示，就可以看得更清楚。图中不同星团的恒星所在的主序是用一条加重的曲线表示。我们可以看到，所有的星团都占有一段共同

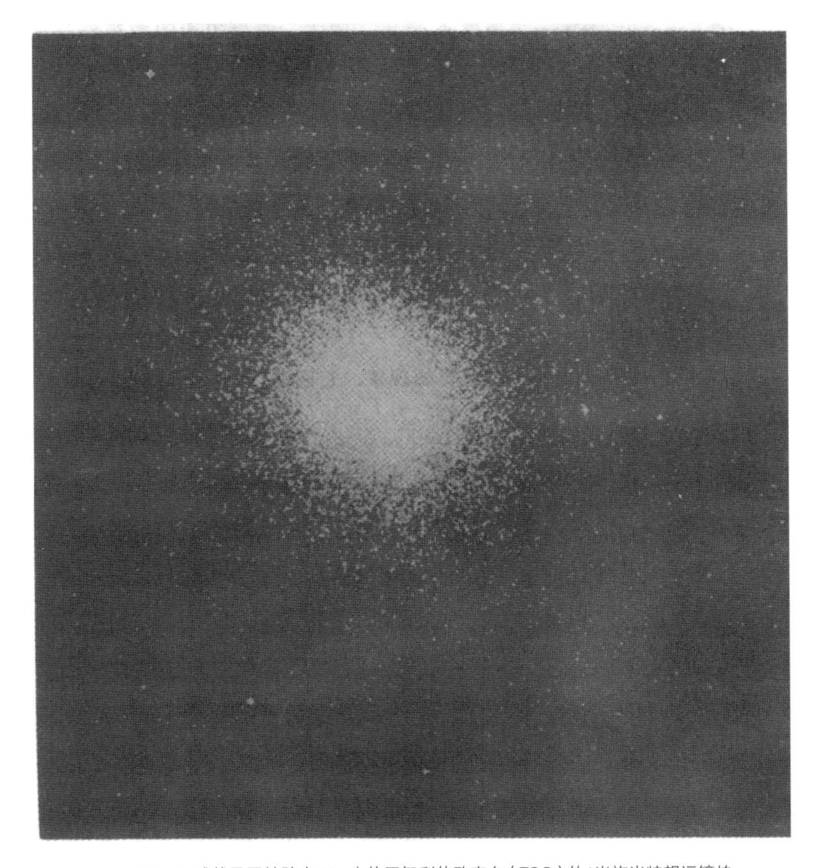

图2-6　球状星团杜鹃座47。由位于智利的欧南台（ESO）的1米施米特望远镜拍摄。在这个星团内恒星的密度如此大，以致它的中心区域的恒星无法在底片中分离成单颗的恒星，所以容易使人迷惑，以为在中心区域的恒星互相接触。实际上那里的恒星也是分开的

的主序，但各个星团中较亮的星都不在主序上，而是在向右转折的分支上。不同星团是在主序的不同位置向右转折的。由于沿着主序向上恒星的质量变大，所以又可以说，在一个星团内小于某一质量的恒星是主序星，而大于这个质量的主序部分就没有恒星分布了。这个观测

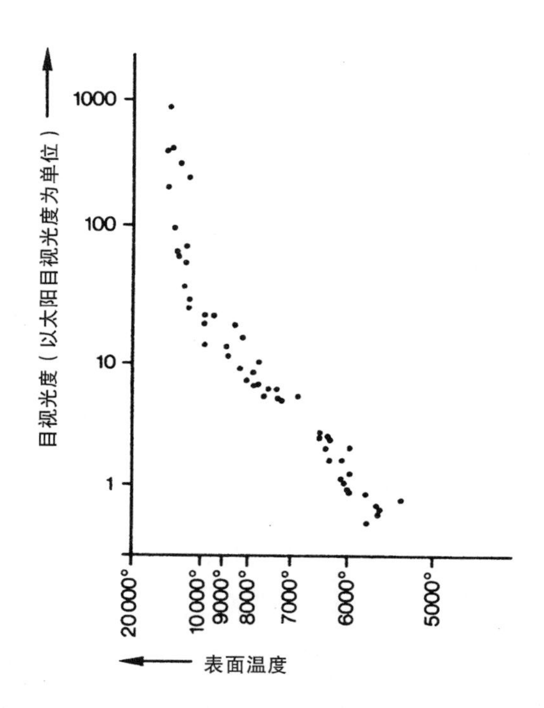

图2-7 昴星团的赫罗图。图中只标出了一些最亮的星。由图看出有明显的主序存在。图中向上在目视光度为1000太阳目视光度处的恒星已经向右偏离了主序

结果最终使我们明白了恒星是随时间的推移而演化的。

当一颗恒星随时间演化变老时，它的性质也在不断地产生变化。特别是它的表面温度和光度也在变化。于是在赫罗图中该恒星的对应点将随时间而移动。例如，假若有一颗恒星开始时是红巨星，经过上百万年以后，它演化成一颗白矮星，于是它在赫罗图中的对应点将由右上方移动到左下方。假若我们是长寿的生物，能够在100万年到10亿年的长时间内不断重复地观测这颗恒星，并在赫罗图中画出它的对

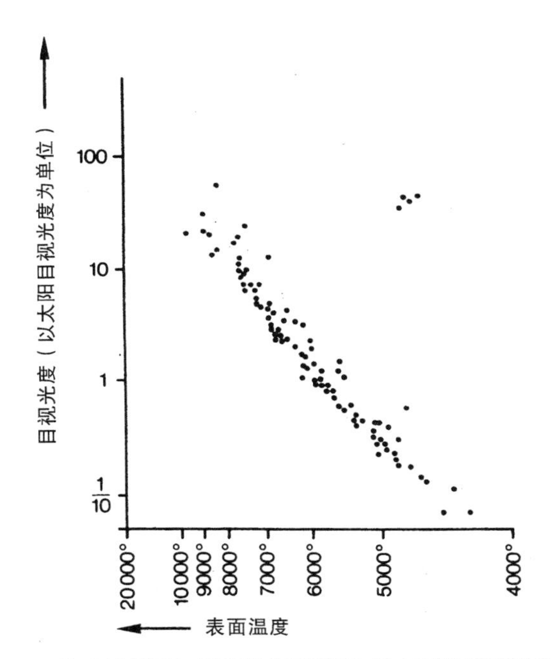

图2-8　毕星团的赫罗图。昴星团的赫罗图（图2-7）中可以找到光度为1000太阳光度的主序星，然而在毕星团的赫罗图中，主序在光度低于100个太阳光度时就结束了，没有更亮的主序星。不过在毕星团赫罗图中可以发现一组红巨星

应点，那么我们就可以看到这颗恒星的对应点也在相应地变动。我们将看到它在一定的区域内运动得很快，而在其他的区域内又运动得很慢。借助于赫罗图，我们看到了这颗恒星的演化过程。

然而我们得到的只是一个瞬间的图像。我们只能看到现在恒星在赫罗图中的位置[1]，并觉察到太阳附近的恒星是聚集在主序上。这意味

1. 更严格地说，我们看到的只是恒星在发出光线时它所处在赫罗图中的位置。但对于研究我们银河系的恒星演化来说，光线从恒星到我们所需的时间和恒星演化的时间范围相比是很短的，因此这点区别没有多大关系。

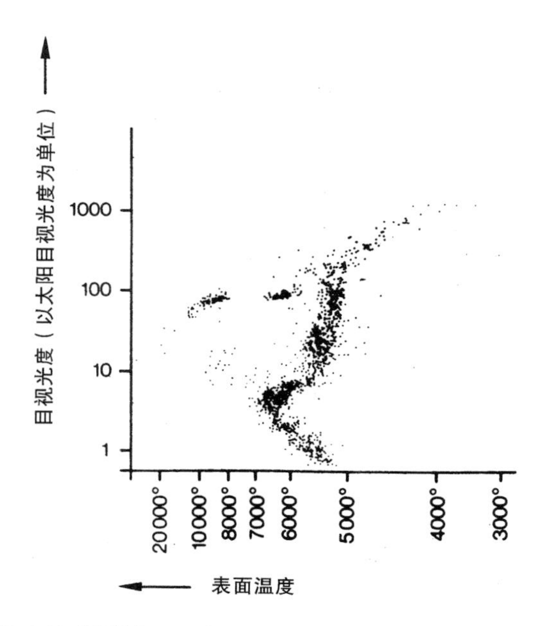

图2-9 M3星团的赫罗图，该星团和图2-6中的星团一样是球状星团，只有光度小于或等于5倍太阳光度的恒星在主序上。大多数光度大的恒星都不是主序星。在本书的另一章内还要讲到有一类很重要的、目视光度为太阳100倍的恒星。它们分布在一条水平方向的、从5800度至13000度的带上。这条带称为水平分支

着什么？也许是赫罗图中的点很慢地通过主序带，并在这条主序带上停留一段时间？假如人们想要观测一组包括各种年龄的恒星，那么就要有特别多的恒星是在这条带上。

我们可以根据日常的生活来认识这个效应。为什么世界上成年人要比孩子多？因为我们只有15年时间是孩子，而平均有50年的时间是成年人。如果我们考察一组包括各种年龄的人，例如考察一个城市的居民，那么可以肯定，大部分人是成年人。由此说来，主序阶段也许就是恒星在它们的历史进程中停留最长的阶段？

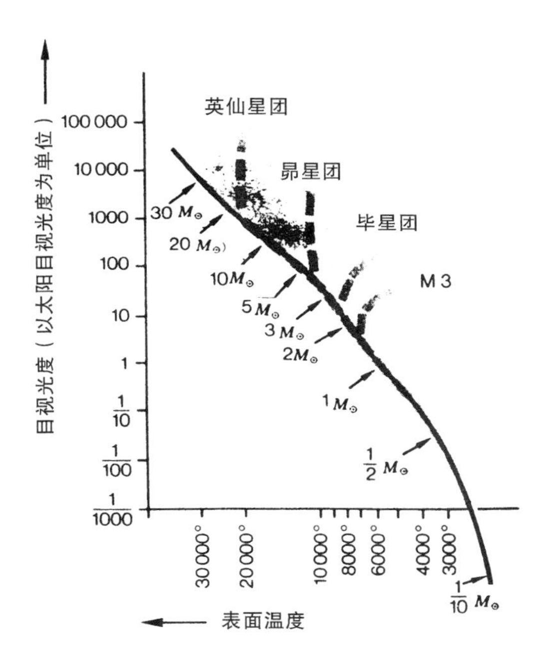

图2-10　赫罗图中不同星团在主序上的转折［根据阿伦·桑德奇（Allan Sandage）］。虚线表示不同星团的恒星分布。英仙座的星团有一条向上延伸最远的主序，然后它向右转折。球状星团M3有最短的主序，它在很低的地方就向右转折。图中的箭头表示不同质量的主序星所在的位置。英仙座的星团包含10 ~ 15个太阳质量的主序星，而球状星团M3中质量最大的主序星大约为1.3个太阳质量

我们联想到太阳本身也是一颗主序星。我们知道太阳已有几十亿年几乎没有变化，也就是说，它是主序星已有几十亿年了。我们已经看到，储藏在太阳内的氢是能够补偿它这么长时间的向外辐射的。也许所有的主序星的向外辐射都是由氢的聚变来负担？或是因为能源是如此丰富，使得太阳长期不变，而且很可能这就是为什么在赫罗图中恒星都聚集在主序上的原因？我们不妨假设，所有主序星的向外能量辐射都是靠氢聚变为氦来补偿。前面我们已经计算过太阳和角宿一

能够辐射多久。假定恒星质量的70%是氢，并且只要10%的氢发生了聚变，就能明显地感到核燃料快要耗完，那么我们认为太阳的寿命是70亿年。而质量为10个太阳质量和光度约为10000倍太阳光度的角宿一只能照旧向外辐射几百万年。用同样的方法我们可以计算每一颗主序星依靠氢的聚变能够维持它向外辐射的时间。在图2-3中，我们在主序上任取一颗恒星。在图中可以读出这颗恒星的光度值，并且根据图2-4所示的主序星遵守的质光关系得到对应于这个光度值的质量；再将在这个质量内所储存的核能和光度（即每秒向宇宙辐射的能量）进行比较，我们就得到储存的能量能够维持辐射的时间。图2-11中，在主序的不同位置标出了用这种方法计算出的氢聚变寿命。它证实了以前对角宿一这个例子的推测。主序星的质量越大，辐射的能量越多，同时它所储存的氢能维持的时间就越短。

如果一个人将他的一生致力于恒星研究，他会感到恒星和人多么相似。例如在这里也同样是质量越大，期望得到的寿命就越短。

星团的年龄

设想有一组质量不同，但年龄相同并且都是以氢聚变为能源的主序星。它们当中位于主序上部质量较大的恒星必然先出现能量耗尽的现象，随后才是质量较小的恒星将它们储存的能量消耗尽。经过70亿年以后，质量为1个太阳质量的恒星才出现能量耗尽的现象。

我们对星团所观测到的不正是这种现象吗？再看看图2-8所示的毕星团的赫罗图。这个星团的主序由下往上直到20个太阳目视光

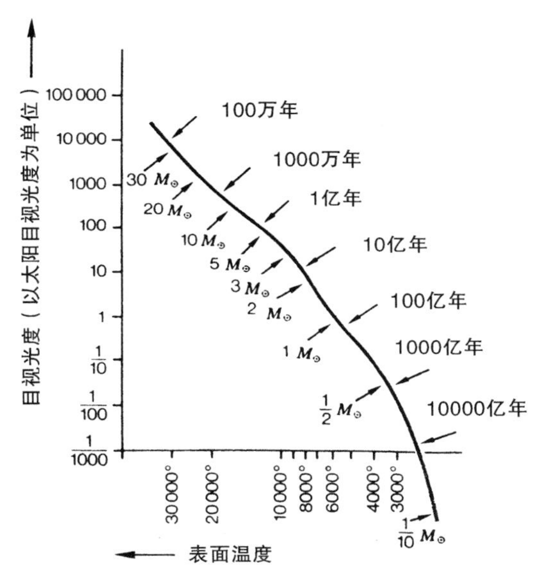

图2-11　赫罗图中的主序。左边的箭头指出，不同质量的恒星在主序上的位置（质量是以太阳质量为单位）。由于质量决定了核能的储藏量，同时由于可以知道主序每一点的光度，于是可以计算出该点的恒星中氢的储藏量能够补偿它向外辐射多长时间。这个时间由右边的箭头给出。大于30个太阳质量的恒星，它的氢的储藏量只够补偿100万年而0.5个太阳质量的恒星可以补偿将近1000亿年。与图2-10相比较，可以估计出星团的年龄

度处，也就是相当于2.5个太阳质量处都有恒星分布。对于一颗质量为2.5个太阳质量的恒星，它的氢聚变寿命是8亿年（图2-11）。如果有一组恒星依靠氢聚变而生活了8亿年，那么它们当中质量大于25个太阳质量的恒星已经把氢耗尽，而质量小于2.5个太阳质量的恒星仍然依靠所储存的氢而生活着。可能就是由于这个原因造成了毕星团的主序的上面部分没有恒星分布？

其他星团是在其他的光度值，也就是在其他的质量处离开主

序。例如昴星团还有140个太阳光度的主序星。具有这样光度值的恒星，它的质量略大于6个太阳质量，而氢聚变寿命为1亿年。在昴星团的赫罗图中，亮度比这更大的恒星就不在主序上，而是在主序的右侧（位于主序的右侧是氢耗尽的最初象征）。这样我们就得到如何将星团按年龄进行列序的一般方法。人们画出星团的赫罗图，并可查看它的主序由下往上直到什么地方还有恒星分布。在图2-10中给出了很多星团离开主序的位置。如英仙座的一个最年轻的星团，它的主序直到1000个太阳光度处都有恒星分布，它的年龄大约是1000万年。其次是昴星团。再其次是毕星团。最后年龄最大的是球状星团M3，它的主序直到大约3个太阳光度处有恒星分布，它最亮的主序星的质量是1.3个太阳质量。如果这些星现在正要离开主序，那么这个星团的年龄是60亿~100亿年。

在赫罗图中星团偏离开主序真的就是氢的储存已经耗尽的象征吗？如果真是这样，我们就已经了解了恒星演化的一个重要部分，即知道了一颗恒星在它的氢耗尽之前，它一直停留在主序上，而在这以后它将向右运动到红巨星区域。因为凡是离开了主序的恒星，都是在主序的右边。如果这是真的话，于是又出现了新的问题：最老的星团年龄有多大？最年轻的星团年龄又有多大？发生氢聚变以前的恒星是怎样的？当恒星储存的氢耗尽以后又将会发生什么变化？虽然我们知道这些恒星会变成红巨星，但红巨星是不能继续辐射很长时间的，因为它们的核能已明显地消耗掉了。

但是不要忘记，我们现在仅仅是推测星团中恒星的性质与储存的核能的消耗状况有关，并且这个假设似乎能与观测很好地符合。然而利用现今已有的手段我们还不知道恒星内部的温度和密度是不是已经达到了可以发生核反应的程度，并使恒星像一座核电站一样地工作。恒星的表面温度无论如何是达不到这么高的。但我们怎么才能知道恒星内部的温度呢？来自恒星的光都是从它表面的一个薄层内发出来的。太阳的光就是来自只占太阳总质量千亿分之一的“大气”层内。我们不能看到太阳更深的内部，但是我们对太阳的内部比对地球的内部知道得更详细。这是怎么可能的？这是怎样做到的？下一章将详细说明。

第3章
恒星——天上的核电站

我们还不能准确知道，补偿恒星辐射的能源是否就是核反应。虽然现在还没有发现其他产能率更高的能源，但这并不能排除还有其他能源存在的可能性。也许未来的物理知识能够帮助我们找到至今还不知道的某种产能机制，即找到像某些科学幻想小说家所预言的能源？

在上一章中我们已经看到，星团的某些性质支持这样的假设，即在恒星内有核能产生。在本章以及以下章节内我们将肯定这个假设的正确性，因此我们不需要再去寻找新的至今还不知道的能源。核物理学家最近已清楚地向天文学家解释了恒星辐射的原因。但是在20世纪20年代的初期，物理学家还不相信在恒星内部会发生核反应！这和原子的结构有关系。

原子的组成部分

世界上所有的物质——岩石或矿物，空气或大海，动植物的细胞以及宇宙中的气体星云和恒星——最终都是由92种化学元素所组成。这个在19世纪业已获得的知识使我们对物质的认识大大简化了。到20世纪，我们又可以指出，92种化学元素最终是由3种类型的基本物质所组成，它们是：质子，中子和电子。例如氦原子和碳原子的不同之处只不过是它们是由不同数目的3种基本物质所组成的（图3-1）。

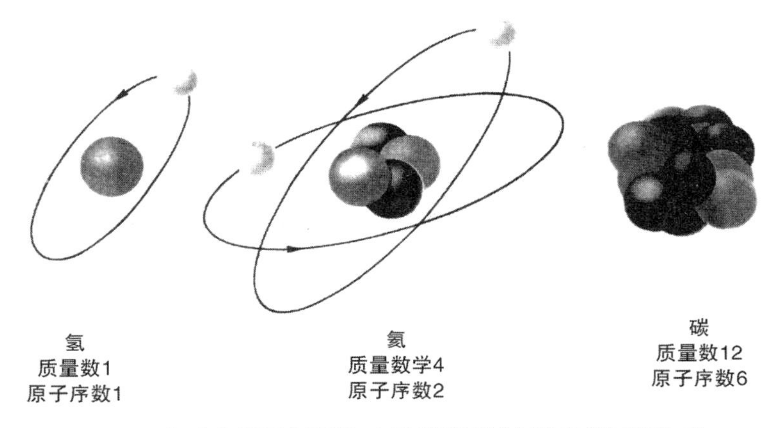

图3-1 氢、氦和碳原子的示意图。电子围绕核运动的轨道不是按比例画的。碳原子中有6个电子围绕核运动，这里省略了

氦原子核是由2个质子和2个中子所组成。质子是带正电的粒子，因此氦原子核是带正电的。围绕着氦原子核有2个带负电的轻粒子——2个电子，它们形成了氦原子的电子壳层。碳元素的结构较为复杂一些。它的原子核也是由质子和中子所组成。它的质子是6个，中子也是6个。但是在外部的电子壳层中还有6个电子围绕着原子核运动。这里最简单的原子是氢原子。它的核由1个质子组成，有1个电子围绕这个质子在不停地运动。

质子和中子的质量大致相同，虽然和我们习惯的重量相比较，它们的重量是无法称出来的，但人们叫它们为重粒子。假如可以把1万亿个这样的重粒子放到一个天平上去称，那么它们的总重量大约是1克的一万亿分之一。电子的质量大约是质子质量的两千分之一。质子带的是正电，电子带的是负电，当质子和电子在一起时，它们正好呈电中性。有时还会出现一种粒子，它的质量和电子的质量相同，但它是带正电的。这种粒子就是正电子，不过正电子的生命很短。当它飞过电子的近旁时，就会和电子立即合并。电子和正电子湮没时会发射出一个光子。

所有的原子核都是由一定数目的质子和中子所组成。通常原子核中有多少个质子，它的外部就有多少个电子在围绕着它运动，从而使原子核中质子所带的正电荷正好被电子所带的负电荷所中和。实际上人们还可以更简单地认为，物质世界不是由3种基本物质即质子、中子和电子所组成，而是由2种基本物质组成。由于在原子核内质子可以和电子聚合成中子，而在原子核外一个中子可以经过大约17分钟以后衰变为一个质子和一个电子，因此可以认为，物质世界实质上是由质子和电子所组成。原子核中的质子数与中子数之和称为原子核的质量数。而原子核的质子数称为原子序数。氢的质量数是1，原子序数也是1。氦的质量数是4，原子序数是2。常见的铁原子质量数是56，原子序数是26。围绕原子核运动的电子数必须和原子序数相同，才能使原子整体呈电中性。电子壳层决定了元素的化学性质。所以原子序数不同的元素，它们的电子壳层不同，因而化学性质也不同。原子序数相同而中子数不同的原子，它们的质量数不同，但化学性质相同，人们称它们为同一元素的同位素。例如除了正常的氢以外，还有氢的同位素——重氢。重氢的原子核是由1个质子和1个中子组成。氢的这个同位素称为氘，在自然界中仅存在极少量的氘。

一块铁和气球中的氢气虽然区别很大，但它们都是由质子和电子组成。假如人们取56个氢原子，并把它们的56个质子和56个电子进行某种组合，即将其中的30个电子和30个质子组合成30个中子，然后再将这些中子和其余的26个质子组合成原子核，并且让剩余的26个电子围绕着这个核运动，那么人们就由氢创造出一个铁原子。

如果取4个氢原子，将其中的2个电子和2个质子组合成2个中子，然后再将它们和剩余的2个质子组合成原子核，于是就可以创造出质量数为4、原子序数为2的原子核，使得2个剩余的电子围绕着这个核运动。这样人们就可以把氢聚合成为氦。在这个过程中将有能量释放出来，但是原子核之间并不是那么容易发生聚变的。

阿瑟·爱丁顿与恒星的能源

1926年剑桥大学著名的“普卢姆（Plume）”天文学教授阿瑟·爱丁顿（Arthur Eddington）爵士出版了他的《恒星内部结构》一书。这在当时是一部关于恒星内部物理科学的卓越著作。爱丁顿本人曾对此领域有过重大的贡献。那时已经发展了一个关于恒星内部的理论，不过这个理论还缺少了一部分关键内容，即能量是如何产生的。

那时人们已经知道，氢含量很丰富的恒星物质必定是理想的产能原料。人们也知道，当氢转变为氦时将会有能量释放出来，而且释放出的能量可以维持太阳和恒星的向外辐射达数10亿年以上。因此很清楚，假如能够知道氢在什么情况下可以发生聚变，人们就等于找到了一个巨大的能源。然而在当时，人们距离通过实验将氢聚变为氦还相当远。

当时的天体物理学家除了相信恒星是巨大的核电站以外，别无其他选择。因为他们想象不出还有其他的过程可以释放出这么多能量，以补偿太阳的辐射达数10亿年。爱丁顿最彻底地阐明了这一点。当他提到观测天文学家所进行的大量的和重复的恒星亮度观测时，写道："测量核能的释放是大量天文观测内容之一。如果在我的书中不是所有都错误的话，那么我们已经相当清楚地知道恒星物质必须在多大密度和多高温度下才能发生这样的过程。"遗憾的是，当时的物理学家却认为，在恒星内部原子核是不可能发生反应的。

当时爱丁顿已经能估计出太阳内部的温度。太阳通过重力把它的物质聚集在一起，重力将物质拉向中心。然而太阳物质并没有简单地落到太阳中心去，这是因为太阳的气体具有一定的压强。气体压力的作用和重力相反，它将物质向外推出。这两个力互相平衡。同样的现象也存在于地球大气中。假定没有重力，空气就会被本身的压力吹到空间中去，相反，如果没有空气压力，大气层就会落到地球表面上来。人们可以计算出吸引太阳物质的重力的大小，而和重力处于平衡的气体压力必须和它相等。气体压力和它的密度、温度有关。人们知道太阳物质的密度，因为太阳的质量和它的体积是已知的。太阳物质的压力有多大？这将取决于它的温度。气体的温度越高，压力就越大。在太阳内部气体的温度到底达到多高才能使重力和压力维持平衡？

爱丁顿估计恒星中心区域的温度达到4000万度。这个值对于我们来说好像很高，然而核物理学家却认为，要想发生核反应，这个值太低了。在这样的温度下太阳内部的原子以每秒1000千米的速度运动。氢原子早已失去了电子，它们的质子可以在空中自由飞行。偶尔会发生2个质子相遇，但它们带的都是正电，又互相排斥。当质子以每秒1000千米的速度运动时，2个质子虽然可以运动到很靠近，但是在达到能使它们发生聚变的距离之前，就会被电荷排斥力推开。为了使氢原子变成氦核，还必须使4个质子和2个电子，即6个粒子同时在一个地方相遇——这个可能性很小！即使6个粒子都同时飞到一起，但电荷力会使它们的运动轨道偏转而阻止聚变的发生。当温度达到几百亿度，使粒子以极快的速度飞行时，虽然仍有电荷力的作用，但也能发生聚变。当时，物理学家们认为，太阳内部的温度只有4000万度，要想使氢聚变为氦，这个温度是太低了。但是爱丁顿却坚信，恒星的能源只能是核能。他依然写道："我们不和那个认为恒星内部的温度过低，从而不能发生这种过程的批评者进行争论。我们只是告诉他，走吧，去找个温度高的地方吧。"实际上，他认为物理学家所预言的氢变为氦的先决条件是不准确的。他更相信恒星已具备条件并认为物理学家应该去认识在4000万度这样相对比较低的温度下氢怎样才能变成氦。他的意见是正确的。

乔治·伽莫夫和他的"隧道效应"

当爱丁顿在他的书中坚持认为恒星内部会发生氢聚变为氦的时候，几乎在这同时物理界也受到了巨大的冲击。这个冲击来自巴黎的路易·德布罗意（Louis de Brogli），哥本哈根的尼尔斯·玻尔（Niels Bohr），苏黎世的埃尔温·薛定谔（Erwin Schrödinger）以及哥廷根的马克斯·玻恩（Max Born）的量子力学学派。当时正是20年代的哥廷根的黄金时代。从全世界到那里去的很多的年轻物理学家后来都成为著名的科学家，例如维尔纳·海森堡（Werner Heisenberg），罗伯特·奥本海默(Robert Oppenheimer),保罗·狄拉克(Paul Dirac)和爱德华·忒勒(Edward Teller)。其中还有一位年轻的俄罗斯人乔治·伽莫夫(George Gamow),他是专门研究放射性问题的,也就是原子核的自然衰变问题。

有些化学元素会自身发生衰变。铀会衰变成钍,钍又衰变成镭,镭还会继续衰变。最常见的镭原子核是由88个质子和138个中子组成。经过一定时间后,一个镭核会自然放出2个中子和2个质子,从而变成一个质量较小的原子核。而放出来的粒子又组合成一个氦核。人们很难理解一个镭核怎么会放出一个氦核来。镭核内的粒子受到一个强大的核力约束而拥挤在一个很小的空间内。核力比质子间的电荷排斥力强大得多,如果没有核力的作用,镭核就会被质子间的排斥力撕开而四处飞散。但是核力的作用距离很短,假如一个核的一部分和其余的部分分离开了,电荷排斥力就会起主要作用,并使这两部分分开。按照经典物理的观点,这是不可能的,因为核力把原子核约束在一起。然而这种现象在自然界却是存在的。

伽莫夫解决了原子的衰变问题。镭核内的粒子受到核力的约束而不能分裂,这一点虽然是正确的,但是现代的量子力学却告诉我们,这种分裂仍有可能发生。尽管经典物理认为这是不允许的,但是核的一部分会在偶然间冲破强大的核力作用并离开其余部分,使电荷排斥力起主要作用,并在它的作用下将这两个裂变产物分别推开。虽然发生这种过程的概率非常小,但还是有可能发生。至于镭原子,人们需要等待1000年以上,它才会分离出一个氦核。

人们称这种现象为隧道效应。它只有通过量子力学才能被人们所了解。这个名称来源于一个很形象的图像。镭核中的粒子被核力所束缚，就好像有一座环形山从外部将它们包围住一样。粒子的能量不足以使它们可以越过这座山而跑到外边去。按照经典力学的说法，这座山粒子是无法通过的。但是按照量子力学来讲，粒子还有可能通过，即核内的粒子在偶然间可以不从山的上面越过去，而是从穿过山的一条隧道中通过去。

伽莫夫认为，假如粒子能够由内向外穿过环形墙，那么粒子也应该能够由外向内穿过它而进入原子核内。

恒星内部的隧道效应

现在我们回到恒星的问题上来，并回顾在20世纪20年代关于恒星能源问题的进展情况。如果镭核能够发生本来不可能发生的变化，为什么在太阳内部的质子就不可以发生被物理学家认为不应该的变化呢？核力本应约束住镭核内的粒子，使它们不能分开而达到电荷排斥力起作用的距离。即镭核本来是不可能发生衰变的，但是它仍然会衰变。在太阳内质子本来不应发生聚变，是不是也会发生聚变呢？

物理学家罗伯特·阿特金森（Robert Atkinson）和弗里茨·豪特曼斯（Fritz Houtermans）根据伽莫夫的隧道效应解开了恒星内部能量产生之谜。1929年3月他们给德国《物理学报》编辑部投寄了一篇文章，题目是《关于恒星内部元素结构的可能性问题》。在这篇文章的开头写道："不久前伽莫夫指出，带正电荷的粒子的能量按照经典的概念还不能够使它们穿透到原子核内，但是它们还是穿透到原子核内了……”作者是这样解释的：氢核本来根据经典物理学要在几百亿度的温度下才能发生聚变，但它们是怎样在远比这个温度低得多的恒星内部也能够靠近到非常近的距离的呢？在恒星内一个质子和其他质子之间因受电场力作用而分开，就好像被一座山分开一样。质子的能量本来不可能越过这座山，但是也许经过很长时间，它就能够穿过这座山，好像是穿过一条隧道而到达山的那边。这种效应发生的概率虽然非常小，但它在太阳以及其他恒星内部确实能够发生足够多的次数，使得太阳和恒星可以依靠在这些过程中所释放出的能量而生存。阿特金森和豪特曼斯证实了爱丁顿的推测，即太阳和恒星是依靠氢聚变为氦来实现它们的能量需求的。他们的工作给热核反应理论奠定了基础，这个理论也就是在恒星内产生能量过程的理论，太阳和恒星的能源已经找到了。

当罗伯特·容克（Robert Jungk）为撰写《比一千个太阳还要亮》一书而收集资料时，豪特曼斯当时曾向他讲述过：“一天黄昏，当我们完成了我们的文章以后，我和一位漂亮的姑娘去散步。天空暗下来，星星一个接一个地出现了，非常壮观。我的女伴叫起来：‘星星一闪一闪的多美呀！’我有点自鸣得意地说道：‘从昨天起我就知道它们为什么会发光。’她似乎没有任何反应。是真的相信我吗？我猜想在当时这对她是无关紧要的事情。”

1965年当我到哥廷根大学工作时，我曾想到要了解一下这位女士是否还在哥廷根，但这件事也像其他一些计划一样一直没有办成。7年后我在雅典碰到了她。我是去那里参加一个会议。当时已经移居到美国印第安纳州布卢明顿城的阿特金森也来参加这个会议。阿特金森的妻子，一位活跃的柏林女士，她就是当初的那位姑娘。她向我说，豪特曼斯的确向她讲过这一段话，但绝不像容克在他的书中所描写的那么浪漫。我从她那里知道了许多重要的情况。我问阿特金森先生他们当时怎么会想到做这项工作的，他说他读了爱丁顿的书，从而知道了关于恒星能源的困境，即恒星内部的温度没有达到发生核聚变所要求的温度，而另一方面爱丁顿却坚信太阳和恒星的辐射功率必定来源于核能。他把这件事告诉过豪特曼斯。当时，时机已经成熟，恰好伽莫夫刚刚写完了他的那篇文章，证明问题是可以解决的。他们两人终于解决了这个问题。

从此人们知道在恒星内部是可以发生核反应的。但是发生的是哪种核反应？是质子与质子聚合，还是质子穿入到其他原子核内？如果是后者，穿入到哪个原子核内？ 10年以后人们才得到了关于这些问题的答案。

碳循环

在恒星内氢是怎样变成氦的？答案首先由美国的汉斯·贝特（Hans Bethe）和德国的卡尔·弗里德里希·冯·魏茨泽克（Carl Friedrich von Weizsöker）分别找到了。1938年他们第一次发现真的由氢变为氦的反应。这个反应确实能补偿恒星的能量消耗[1]。

1. 解决这个问题的时机显然已经成熟。1938年7月11日德国《物理学报》收到了冯·魏茨泽克的文章。9月7日《物理学评论》编辑部收到了贝特的手稿，而在这以前的6月23日就已收到贝特和克里奇菲尔德（Critchfield）的手稿。手稿中已经叙述了将在下一节内讨论的质子－质子链的主要部分。

这个过程比较复杂，假设在恒星内部除了氢以外还有其他元素存在，例如还有碳。碳核起着化学中已知的催化剂的作用。氢核依附在这些催化剂的核上，经过一些反应步骤以后会生成氦核。由氢原子聚合成的氦原子最后被分离出来，而碳核不会遭受任何损失。

由图3-2可以看出，这是一个循环过程。我们先看图的上部分。1个质量数为12的碳核（我们把它用^{12}C来表示）与1个氢核相碰撞。由于隧道效应，氢核可以克服碳核的电场排斥力而与碳核发生聚变。新产生的核是由13个重粒子组成。由于有带正电荷的质子进入，使得原来碳核的电荷数增加，即原子序数变大。新生成的核是质量数为13的一种氮元素的核。它是放射性核，经过一定时间它可以放出2个轻粒子，即1个正电子和1个中微子（中微子以后还要讲到）。氮核衰变成了质量数为13的碳核，它的标记为^{13}C。现在这个核的电荷数仍旧和开始时的碳核的电荷数相同，只不过质量数变大了。它是开始时的碳核的一种同位素。如果有1个其他的质子和这个碳的同位素相碰，就会再次产生氮。它的质量数为14，标记为^{14}N。如果新的氮核又和1个质子相碰撞，就会反应变成^{15}O，即质量数为15的氧核。这种氧核同样是放射性核，它会放出1个正电子和1个中微子，并衰变成质量数为15的氮核，即^{15}N。我们考虑一下，在这个过程开始的时候只有1个质量数为12的碳核，而现在变成了1个质量数为15的氮核。由此可以看出，由于氢核不断地积聚，使原子变得越来越重。假如这时又有1个质子和这个氮核相碰撞，氮核会放出2个质子和2个中子，并变成1个原始的碳核^{12}C，而放出的质子和中子又合并形成1个氦核。这样结束了整个循环。

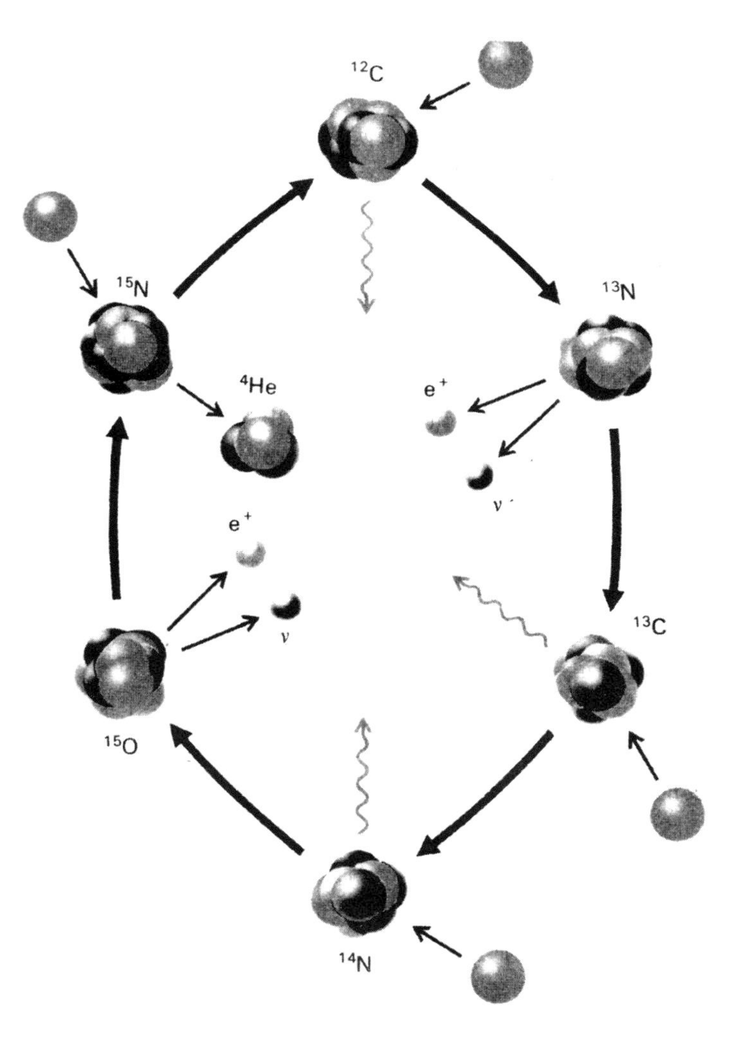

图3-2　在碳循环过程中氢转变为氦。表示方法与图3-1相同。波纹箭头表示原子有向外的辐射。e⁺表示正电子，υ表示中微子

在这个循环过程中总共有4个质子被吞食了，并生成了1个氦核，即氢变成了氦。同时在这个过程中释放出的能量足以维持恒星辐射数10亿年。恒星物质被这个循环的各个分过程所加热。一部分是通过反应中产生的光量子将能量转移给恒星的气体物质，一部分是正电子迅速地和周围飞过的电子发生湮没，而由此产生的光量子又使恒星物质得到附加的热量。中微子也携带了部分的能量。关于中微子的特殊情况，我们将在第5章中介绍。

根据1938年贝特和冯·魏茨泽克所发现的碳循环，贝特获得了1967年的诺贝尔物理学奖。诺贝尔委员会当时似乎没有很好调查就做出了决定，因此忘记了将这个奖金分开。

我们知道，这个循环要求有催化元素——碳和氮，但并不是需要所有3种元素都同时存在，只需要这个循环中的1种同位素存在就可以了。假如某一个反应首先发生了，于是以下的反应所需要的催化剂就同时会产生出来。此外在整个循环过程中，各个反应会自动地调节，使催化元素的数量之间有一定的比例存在。这个比例又与循环过程的温度有关。今天天体物理学家可以借助于光谱测量对宇宙物质进行很好的定量分析。根据同位素^{12}C、^{13}C、^{14}N和^{15}N的数量比，人们不仅可以确定在恒星内部物质是否已经参与过碳循环的氢聚变，而且还可以确定聚变的温度是多少。氢不仅可以通过碳循环聚变为氦，还有一个比较简单的过程更为重要——至少对于太阳是如此。这个过程是同时被发现的。

质子-质子链

从上一节中我们了解到碳循环要求必须有一定数量的碳或氮存在，并且这些元素的原子是不会在循环中被消耗掉的。它们在一定程度上起着保护壳的作用，使氢原子在里面经过一段时间变成氦原子。1938年汉斯·贝特和查理斯·克里奇菲尔德指出，氢的聚变也可以在没有碳或氮的条件下发生。

图3-3说明了这个过程。2个质子相碰撞并发生聚变。它们放出1个正电子和1个中微子。余下的核只是由1个质子和1个中子组成。这个核的电荷数和氢的电荷数相同，但比氢重1倍。它就是重氢，即氘。如果氢核又和1个氘核相碰撞，就会聚合成1个由2个质子和1个中子组成的氦原子。这个氦还不是"真正的"氦，而是氦的同位素^{3}He。它的原子序数和氦的相同，但质量数却比氦的小。假若有2个按上述方式产生的^{3}He核相碰撞，就会聚合成为1个"真正的"氦核，并同时放出2个氢核。在这个链中总共是4个氢核聚合成1个氦核。

恒星内部的过程究竟是这两种过程中的哪一种呢？是质子-质子链还是碳循环？

当温度足够高时，这两种过程都会在恒星内部出现。温度为1000万度时，主要是质子-质子链。如果温度显著增高，则能量的产生主要来自碳循环。

对于第一代在宇宙中形成的恒星，很可能是质子-质子链在起着

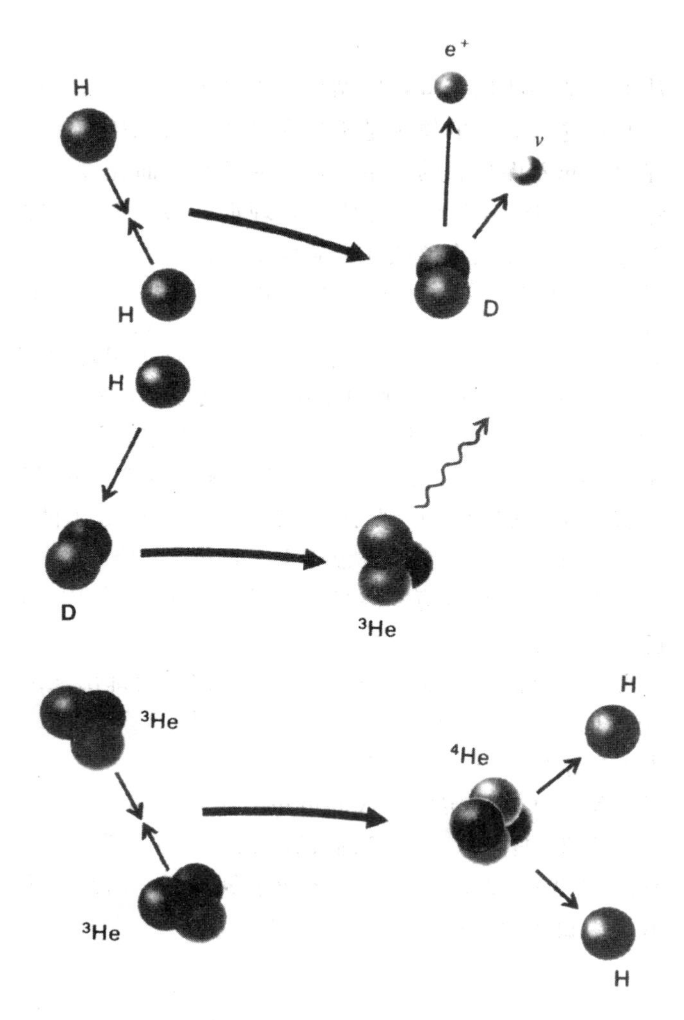

图3-3 质子-质子链。图中的表示方法和图3-2相同。这里也是氢变为氦。图的上面部分是2个氢原子核相碰撞并生成1个氘核。中间部分是1个氘核和1个氢核聚合成1个氦的同位素。下面是2个这种同位素的核聚合成1个正常的质量数为4的氦核

特别重要的作用。今天人们已经相信，在宇宙诞生的时候，即在所谓“大爆炸”时，宇宙中只形成了氢和氦，因此在第一代形成的恒星中缺少作为碳循环所需的催化元素[1]。第一代恒星必须靠质子-质子链方式的氢聚变而生存。仅在此以后，当恒星内部的氦形成碳时，才为以后各代的恒星提供了碳循环所需要的催化元素。

重元素的诞生

如果在1个恒星内所有的氢都转变为氦，那么恒星内部将会是什么样呢？现在在美国科内纳大学任教的埃德温·萨尔彼得（Edwin Salpeter）解释了氦是怎样才能够转变成碳的。他指出实际上只要有3个氦核就足够了，如果将它们进行聚合，就可以生成1个质量数为12的碳核。但是要想使3个氦核同时相碰撞，这是很不可能的，如果这个转变过程分成两步进行那么可能性就要大得多。如图3-4所示，2个氦核碰撞形成1个质量数为8的铍原子。这种铍是高度放射性元素，生成的铍核只能存在于一个难以想象的极短时间内。经过千万分之几的十亿分之一秒以后，它又衰变成2个原来的氦核。如果铍核在它短暂的生命时间里又和第3个氦核相碰撞，则会生成正常稳定的碳。铍核几乎总是很快衰变掉，只有个别的铍核由于和近旁飞过的氦核相碰而免遭衰变的命运。尽管当恒星物质处于1亿度高温下，发生这种转化还是相当多的。在发生转化时释放出的能量还可以为恒星供热。

接下去又会是怎样的呢？当温度继续升高一些时就会发生碳原

1. 关于形成第一代恒星的物质的历史，可参阅史蒂文·温伯格（Steven Weinberg）撰写的《最初的三分钟》。

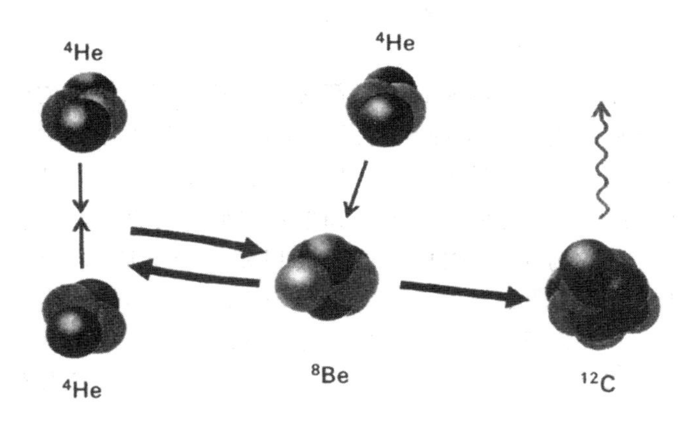

图3-4 氦聚变为碳。2个氦核聚合成1个高度放射性的铍核，它几乎立即又衰变成2个氦核。只有当铍核在它的短暂生命时间里又和1个氦核相碰撞时，才会转变成碳，并且产生辐射

子聚合，并且又以完全不同的方式衰变成一些元素，如镁、钠、氖和氧。氧原子又可以聚合生成硫和磷。如此下去，不断形成更重的原子核。人们可以问：是不是所有的化学元素最终都是在恒星内部由氢和氦聚合成的？这个问题将在第11章再来讨论。

这里我们只要知道恒星内部是可以进行核反应的，并且在恒星内部条件下将氢聚变为氦能在很长的时间内补偿恒星向外的巨大辐射。

但是恒星内部的条件究竟怎样？没有人能够看见恒星的内部，并且从那里也没有直接的信息可以反馈给我们。我们又怎么会知道那里的准确温度呢？为什么我们能够对恒星内部了解得比地球内部还要透彻呢？这个问题将在下一章介绍，并且还要讲讲现代的计算机在这方面所起的重要作用。

第 4 章
恒星和恒星模型

我们有幸能找到考察恒星内部并获得恒星内部有关知识的可能性。恒星的现象壮观而令人惊讶，但恒星并非仅能被观赏的怪物，它们是宇宙中具体的物体，是遵守物理定律的物体。前面我们虽然没有明确说明，但已经把能量定律应用到恒星上去了，并且还估算了一颗恒星依靠它储存的能量能够生存的时间。在恒星内部，也像在宇宙其他地方一样，不仅要遵守能量定律，同时还要遵守所有其他的物理定律。

下面简要地说明一下怎样借助于物理定律和已知恒星物质的性质来确定一颗恒星的结构，从而可以借助计算机在某种程度上去了解恒星的内部。对于普通的恒星，只要知道了它的气体总质量以及它的化学组分，无须对它进行观测，就可以通过解一些方程组而得知它的整个结构。我们不仅可以计算出恒星的表面温度和光度，同时还可以把恒星画成点在赫罗图中表示出来，而且还能计算出它的直径。更有趣的是，甚至人们还可以得知它内部各处的压强、温度和密度。对于想更深入了解这些细节的读者，可以先看本章“原始太阳模型”一节。

重力和气体压强

如果忽略快速进行的中间过程，则恒星应始终处于平衡状态。作用在内部各层上的恒星物质的重力和气体压力互相平衡。假如没有气体压强，所有的恒星物质都会向恒星中心塌缩。但如果没有重力，气体压强就可以把全部物质抛散到空间中去。因此在恒星内部必须可以进行自动调节，使得在每一处的这两种效应都互相抵消。这个平衡条件有助于我们计算出恒星内部各处的气体压强。我们已经看到，爱丁顿利用这个条件估算出了太阳中心处的压强，并由此而得出该处的温度为4000万度。为了能够成功地进行计算，人们还必须对组成恒星的气体有所了解。

组成恒星的物质并不是什么奇特而神秘的物质，它们就是我们在地球上早已熟知的物质。对于作为恒星主要组成成分的氢和氦以及其他元素的性质，长期以来人们在实验室里早就进行过研究。虽然在地球上物质的密度不可能像恒星内部那样大，温度也不可能有恒星的温度那么高，但我们掌握的知识已经完全能够使我们估算出恒星内部的物质性质。有一个特别幸运的环境可帮助我们了解恒星内部的物质性质。我们生活在气体密度很小的地球上。如果将大气中的空气或其他的气体进行压缩，使其密度达到水的密度或者更高，则它们的压强的变化方式会更加复杂。气体可以变成液体或者固体，但变化以后它们的所有性质也随之变得更加复杂，因此没有人能确切地知道地球中心处的物质性质。人们对地球内部的情况知道得很少，之所以这样，是因为当原子被强烈压缩而彼此靠得很近时，它们的原子壳层会互相干扰，不同原子的壳层相互间怎样作用的细节至今还不能计算出来。

但恒星内部的情况恰好相反，那里的温度很高。虽然恒星内部物质的密度很高，但同时温度又很高，因而使得原子早就失去了它们的电子壳层。电子已不再被束缚在原子核上，即原子核和电子都可以自由地飞行。这时一个粒子占据的空间比由电子和原子核组成的氢原子占据的空间要小得多。正因如此，虽然灼热的恒星内部密度高达每立方厘米内包括100克或更多的物质，但它们仍然是稀薄气体，因此我们对太阳中心要比对地球中心了解得更清楚。即使恒星内部的密度再增大，但由于温度很高，我们仍可以很好地了解它们的气体性质。只有当恒星物质冷却下来，并使原子开始按照晶格进行排列时，物质的性质才会变得复杂起来。但这只是对很少数的恒星才显得重要，主要是温度很低的白矮星。

能量的产生和能量的转移

恒星的中心区域温度很高，在那里核反应不断发生，因而产生核能。阿特金森和赫特曼斯、贝特以及冯 · 魏茨泽克在20世纪20至30年代曾指出恒星内部原子核是如何互相发生作用的，在此期间其他的物理学家也纷纷计算出每1克恒星物质在一定的密度和温度下能释放出多少能量。

能量是在灼热的恒星中心区域内产生的，然而它又必须以辐射方式为主穿过恒星的外壳向外逃逸。恒星物质的一个重要性质是它们对光辐射以及热辐射的透过率。尤其在恒星的最外层，那里的原子不能把电子壳层完全去除掉，于是由内部辐射来的光量子将被剩余的原子壳层所吸收，经过一定时间以后又被释放出来。这样由内向外移动的光量子是由一个原子跳到另一个原子，经过被吸收、发射、偏转以及克服了很多障碍和歧途之后，才能到达恒星的表面，并从那里最后离去。因此恒星物质的透过率对于整个恒星的结构是十分重要的。为了得知它，需要进行复杂的计算。但是天体物理学家很幸运，因为这些计算工作由于原子的吸收性质对其他领域也很重要，所以已经被原子物理学家完成了。

第二次世界大战后我们从其他方面得到了预想不到的帮助。在原子弹爆炸中心会产生强烈的光辐射和热辐射，它们将被附近的空气物质吸收和再发射。为了在原子弹爆炸之前就预先知道它的威力，于是原子弹实验者必须准确知道气体对于光辐射和热辐射的透过率。

虽然要考虑保密，但部分必要的计算结果还是允许发表出来，以提供给天体物理学家参考使用。在美国的洛斯阿拉莫斯原子研究中心，有整整一个组的科学家们在从事天体物理工作。无论是东方或是西方的科学家都很有成效地使用着由他们计算出来的、关于恒星物质在不同密度和温度情况下的透过率表格。东方和西方的一致表现在苏联科学院的杂志上发表了洛斯阿拉莫斯研究者们所计算出的部分表格。

沸腾的恒星物质

有时恒星内部由内向外的辐射流很强，而物质的透过率很小，使得能量在恒星内部被阻塞，于是恒星会借助其他方式把能量由内部带到外部去。这种过程在地球上早已为人们所知，如果将一个炉底板加热，它将辐射出一部分能量到空间中去，与此同时人们还发现另一种传能方式。炉底板上部的空气被加热后膨胀，使得它的密度下降，热空气上升，因而它原来的位置又被冷的空气所占据。被加热的空气就从炉底板处带走一部分能量到空间的其他位置上去。这种能量传输方式称为对流。如果我们用一个加热器来使房间变热，这时能量就是通过辐射和对流两种方式传输的。在一个露天的火炉上面，在一条被太阳照射而变热的柏油马路上面，热的空气团上升并向上带走热量，而冷的空气则由上向下降落，然后经过一定时间被加热后又再向上升去。对流在地球大气的能量传输中起着重要的作用，因此气象学家比天体物理学家更早地研究了对流问题。

有很多恒星，当辐射不能转移其全部能量而必须有对流存在时，它们内部的物质会陷入沸腾的运动之中。在太阳的外表层内不仅有辐射方式进行能量传递，而且有被加热的气团向外传递能量。我们只需一架小型望远镜并配备一个滤光片以挡住耀眼的光线，就能看到太阳的沸腾气体。太阳表面的光亮是不均匀的，我们可以看到直径约为1000千米的高温发亮的上升气团，在它们的旁边则是温度低而发暗的下降气体物质。图4-1为太阳表面某一瞬间的照片。由图可看到不断变化着的斑状结构，天文学家称它们为米粒组织。它说明在地球上早已为人们所熟知的对流现象在恒星内也同样存在。

计算机中的恒星

这里仅列举几个例子来说明如何借助于已知的定律和物质特性，去了解恒星内部的情况。利用这些知识——其中大多数是早在

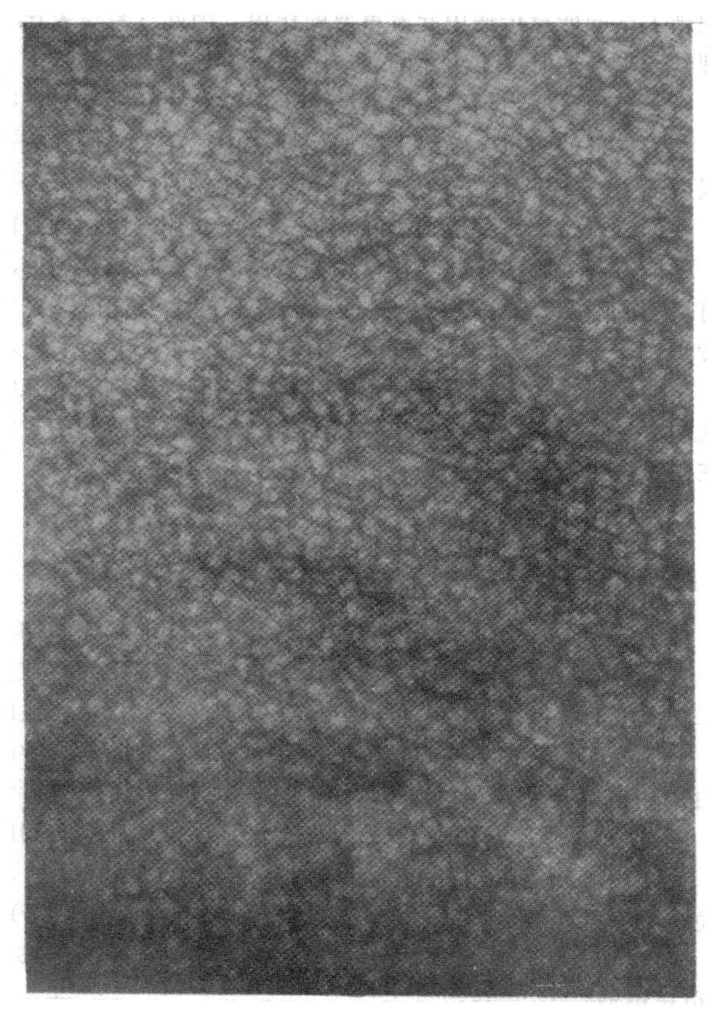

图4–1 太阳表面的米粒组织。因为在太阳的外表层内是通过对流将能量由内向外传递的，于是太阳表面的热而发亮的气团上升，冷而发暗的气体物质下降，太阳表面因此而出现不断变化着的颗粒状结构。一个相当于地球直径大小的斑点在图中大约为14毫米长。照片是佐尔陶（D.Soltau）利用弗赖堡基彭豪尔太阳物理研究所的40厘米真空反射镜在伊萨尼亚拍摄的

第二次世界大战前就已知道，就可以尝试在书桌上直接计算恒星的结构。第一个进行这种尝试的是慕尼黑高等技术学校的热力学教授罗伯特·埃姆登（Robert Emden）。他在1907年出版的《气体球》一书成为恒星结构理论中的经典著作。在他以后有英国的阿瑟·爱丁顿，随后又有托马斯·考林（Thomas Cowling）和苏布拉玛尼扬·钱德拉塞卡（Subrahmanyan Chandrasekhar）等人。他们在20世纪20年代和30年代塑造了能够粗略反映恒星内部状况的“恒星模型”。

随着近代计算机设备的发展，这个问题被重新考虑。我们将利用计算机对恒星在一定程度上进行模拟计算。这是什么意思？这就是说，我们让计算机知道决定恒星结构的有关定律，再让计算机存储反映恒星物质特性的信息，即给计算机输入数据，例如在各种密度和温度情况下的气体压强数据。我们让计算机按照一定的程序工作，这个程序可以使恒星物质中的氢按某种规则转变为氦，并释放出相应的能量。它可以使计算机知道恒星内部释放出的能量应如何穿过恒星物质而到达表面，在什么时候能量应以辐射方式，什么时候又以对流方式进行传递。所有这些个别的信息全都包括在这样一个大型计算程序之内。

今天人们可以利用计算机来模拟一颗恒星，并从理论上得知它的演化情况。计算机将把恒星内各层的温度、密度、气体压强以及向外的能量流打印在一个很长的表格内。一份这样的表格就描述了一颗恒星在某一时刻的结构。我们说，计算机给我们提供了一个恒星模型。

原始太阳模型

假定我们已经有了这样一个计算程序和一台足够大的计算机，我们就要利用它们来构造一个恒星模型。首先必须给出恒星物质的化学组成，即各种化学元素的混合比。这些化学元素是我们观测太阳时得到的，并且几乎在观测所有的恒星时都可以再次得到。我们假设，在1000克的恒星物质中有700克氢和270克氦，其余的30克是重元素（主要是碳和氧），在以后的计算中计算机必须严格地按照这样的化学组成来确定物质的性质，首先是恒星物质的辐射透过率。计算机还需要知道我们这个恒星模型的质量是多少，例如它的质量和太阳的质量相同，于是计算机就会按照程序已考虑到的自然定律和已知的物质特性去算出一个恒星模型。当今的计算机的计算速度相当快，不到1分钟就可以完成上述任务。我们利用以上规定的太阳数据所得到的恒星模型要比真实太阳稍小一些，这个模型的直径只有太阳直径的92%。它辐射的能量也比我们观测到的少——它的光度只有真实太阳的75%。它的表面温度为5620度，比太阳的温度约低180度。现在我们先不去考虑它们两者之间的差别，而来详细观察一下这个恒星模型。它正好落在赫罗图中的主序位置上，在真实太阳的下方。

图4-2中的图（a）再次显示这个太阳模型的内部结构[1]。图4-2中采用的表示方法本书内还要经常用到。在每张图的下面有详细的文字说明。

---

1. 虽然曾有很多天体物理学家计算过许多太阳模型，但这里我们仅采用库尔特·冯·森布施（Kurt von Sengbusch）1967年在哥廷根所写的博士论文中的太阳模型数据，在以后叙述太阳的演化史时也依据他的结果。

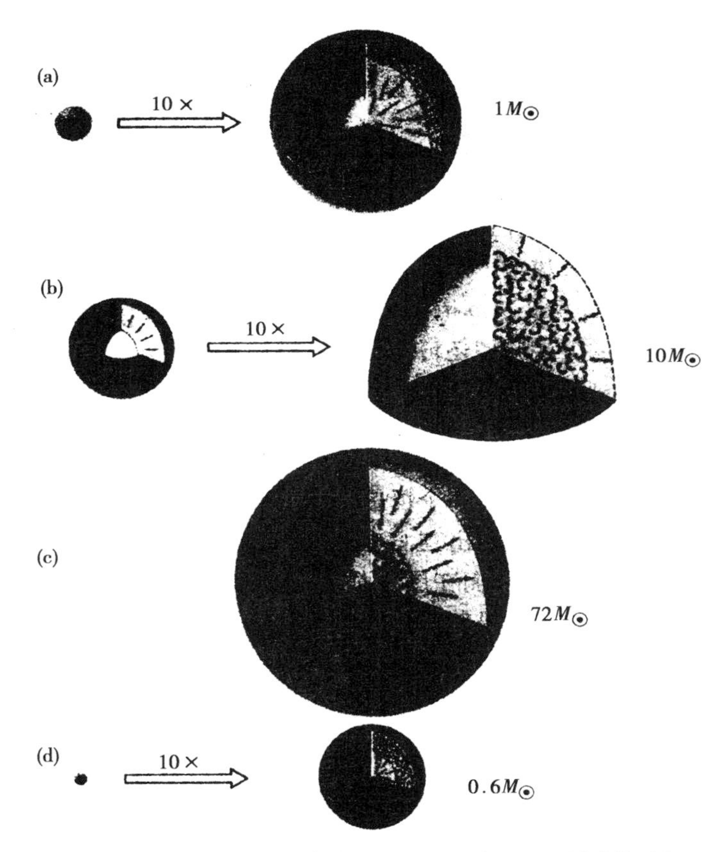

图4-2 不同质量的恒星模型的内部结构。质量采用太阳质量$M_\odot$为单位。在图（a）、图（b）、图（d）中，左边的恒星是以相同的尺标表示的。图（c）也以相同尺标表示。为了更清楚地表示内部结构，又将图（a）和图（d）中的恒星模型放大10倍，然后表示出来。在图（b）中只将左边图中余下的内部区域进行了放大。3个剖面图分别表示化学组成（下剖面）、能量产生（左上剖面）和能量传输（右上剖面）。下剖面的小点表示这个区域内化学元素仍维持原始的混合比，即仍然是氢占主要的混合比。左上剖面中的发亮区域表示能量是由核反应释放出来的。右上剖面中用箭头表示的区域代表能量是以辐射方式向外传输，而用云彩表示的区域代表能量是以对流方式向外传输的

在这个模型的中心，物质密度为每立方厘米100克，大约相当于13倍铁的密度，压强为1300亿大气压，中心区域的温度为1000万度。在这样的温度下会发生核反应，并以质子–质子链反应产生能量！就是说，我们得到了一个由氢的聚合反应提供其光度的恒星！在它的内部能量以辐射方式向外传递，然而在它的外部仅仅以辐射方式还不够，必须有对流将能量传输到表面，于是出现了在太阳表面的气体物质的上升和下降运动。

我们总结如下：根据太阳的化学组成，我们用和太阳相同的质量的物质，塑造了一颗恒星。它在赫罗图中位于主序上。在它的内部氢燃烧转变为氦，它的外层也和太阳一样存在着对流，其他的特性和太阳很相似。

但为什么我们所得到的模型和真实的太阳并不完全相同？产生区别的原因何在？是不是我们的程序有错误？我们将会看到，产生和真实太阳不同的原因很简单，这是由于我们给出的物质的化学组成是完全均匀的。真实太阳向外辐射已远超过30亿年了，因而在它的中心区域新产生了更多的氦。然而这一点是我们没有考虑到的。我们设计的太阳其中心和外部都有相同的化学组成，即构造了一个刚开始发生核反应、还处于生命起始点的太阳。这是一个原始太阳。在讨论原始太阳如何变为今天的太阳之前，让我们用计算机来计算化学组成相同，但质量不同的恒星模型。

原始主序的发现

我们让计算机计算一个化学组成和太阳相同，但质量是太阳质量2倍的恒星模型。不到一分钟计算机就打印出显示这个新模型的表格。结果是这颗恒星同样是靠氢的聚合反应来提供能量的。用同样的方法我们还可以让计算机计算一系列质量不同的恒星模型，得到的结果又能是什么样呢？我们发现，所有恒星都是靠氢的聚合反应来提供能量的。所不同的是，一个相当于太阳质量的恒星和所有小质量恒星是通过质子-质子链反应得到核能，然而在大质量恒星内部氢是通过碳循环反应而变为氦的。

计算机可以给出每一个恒星模型的光度和表面温度，于是我们就可以在赫罗图中标出这些氢燃烧恒星模型的位置（图4-3），并可发现它们在图中都落在由左上往右下走向的一条线上。质量最大的恒星落在它的上面部分，质量最小的恒星落在它的最下面。我们新发现了主序，但不是通过对恒星的观测而发现的，而是根据不同质量的氢燃烧模型的计算表格发现的。以前我们根据太阳和其他主序星的寿命曾经推测它们的光度是由氢的聚变所补偿，现在这个推测已经被证实。恒星的能量完全取决于氢的聚合反应，恒星在赫罗图中分布的这条线就是主序！

主序星的另一个特性也被恒星理论模型所证实。这就是前面已指出的由观测得到的质光关系。如果我们构造一个质量为10个太阳质量的恒星模型，那么它的光度将比一个太阳质量的恒星模型的光度大得多。这些恒星模型的光度和质量间的关系和观测得到的质光关系正

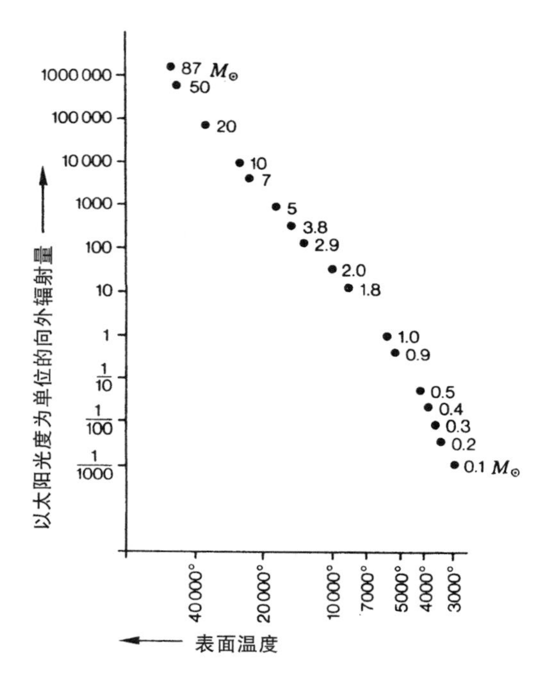

图4-3 根据一系列质量不同的恒星模型（它们的化学组成相同，并且含氢丰富）而得到的赫罗图中的主序。它具有观测得到的主序的所有性质。每个恒星模型的质量是以太阳质量（$M\odot$）为单位。可以看到，随着主序星质量的增大，向外的辐射也强烈增大

好一致，如图2-4所示。

所有用这种方法得到的恒星模型，它们的情况都和太阳相类似，都再现了刚开始发生氢聚变反应时刻的恒星，即显示出原始恒星的模样。于是由此得到的主序和通过观测恒星而得到的主序是不同的，因为它们是原始恒星的主序，也就是原始主序。但是当恒星还没有明显地耗尽它们的能源时，恒星的变化不是很大，所以原始主序和通过观测得到的主序的区别并不是很大。

由于从恒星模型所提供的能够从外部观测的现象和实际恒星的现象相一致，因此可以认为，用计算机得到的恒星模型也能很好地反映恒星的内部情况。有了这种模型，我们通过计算就能看见恒星的内部。这是天文学家通过观察所无法做到的。对于太阳我们已经这样做了，现在我们还要考察另外两颗恒星，一颗质量大的恒星和一颗质量小的恒星。

角宿一的内部

取一个质量为10个太阳质量的恒星模型作为大质量恒星的例子。因为角宿一的质量大约也是10个太阳质量，所以这个计算模型应该能反映出角宿一的特性。实际上，由模型给出的表面温度和光度与角宿一的表面温度和光度正好相等。这个恒星模型的内部情况是什么样呢？它的中心温度为2800万度。在它的中心一个直径为恒星直径1/5的小球内有碳循环的核反应发生，那里产生的核能补偿了恒星的光度。所产生的大量能量单纯通过辐射已不能全部被传递出去，因而必须出现对流，使占恒星总质量22%的最内部的物质处于对流状态[图4-2中的图(b)]。在对流区以外，能量是通过辐射转移的。光量子最终要向外流动到恒星表面，从而决定了恒星的光度。光量子在向外流动的途中不断地被原子或电子阻止或偏转。恒星中心处的物质仍然是气体，密度略低于8克/立方厘米，达到了固体铁的密度。由于恒星物质的重力作用，在中心处产生了高达350亿的大气压强。以上看到的这些就是室女座最亮的恒星——角宿一的内部情况。

所有质量远大于太阳质量的恒星，其中心区内能量的传输和角宿一相同，都是通过对流传输的。这种情况也可在图4-2中的图（c）所示的72个太阳质量的恒星模型中看到；同时还可以看到，质量较大的主序星的直径也很大。

我们已讨论过原始太阳模型，现在开始研究一颗远比太阳质量小的恒星。

天鹅座中的红矮星

在天鹅座中有一颗星，天鹅座61，它是所有天文学家都很熟悉的。之所以有名，是因为历史上在天狼星的伴星被发现以后，著名的弗里德里希·威廉·贝塞尔于1837—1838年第一次在这颗星上检验了一个新的测量距离的方法（附录B）。

天鹅座61实际上是一个双星系统，两颗星的质量分别为0.5和0.6个太阳质量，它们绕着共同的重心以720年为周期运动。我们最感兴趣的是其中质量较大的一颗星，即天鹅座61A。它是一颗主序星，它的表面温度为4000度。它比太阳小，并且温度也远比太阳低，所以是一颗红矮星。

如果利用计算机构造一个0.6个太阳质量的恒星模型，那么它便会具有和天鹅座61A大致相同的外部性质，并且在赫罗图中也将位于相同的位置。这颗红矮星的内部是怎样的？我们已在图4-2中的图（d）中将这个模型表示出来。它的中心温度只有800万度，在那里进行的核反应是质子-质子链反应；中心的密度为65克/立方厘米，小于太阳中心的密度；中心压强为750亿大气压，和角宿一的情况近似；内部的能量是通过辐射传输的，但外部和太阳一样存在对流，可是对流区明显变厚。具有厚的外部对流区是红矮星的典型特征。

越是靠近主序的下部，星的温度越低，因而也是更红的矮星，它们的外部对流层就越厚。如果一颗星的质量仅仅只有太阳质量的十分之几，那么它的物质由表面到中心将完全处于对流运动状态。

原始主序的性质

我们已粗略地知道了主序星的性质，这已是很大的进展，因为超过90%以上的恒星是主序星。现在我们知道，主序星是靠氢聚变为氦而提供能量的，因此氢原子的性质就决定了主序星的能量状况，从而也就决定了主序星的外部性质。我们用肉眼观看夜空中的恒星时，所感觉到的恒星的颜色和亮度都属于恒星的外部性质，因而可以肯定，我们所看到的恒星也就是氢原子在天空中呈现的特性。假如氢原子具有其他的性质，我们所看到的恒星也将会是另一种样子。

主序可以延伸多长？大自然能不能构造出既有丰富的氢，而质量又可以是任意大小的恒星，并使它们依靠氢的聚变而生存？

主序向下（即向小质量方向）能延伸多长？能不能存在质量只有人体质量大小的恒星？

如果让计算机构造相对于太阳质量越来越小的恒星模型，那么这些模型的中心温度将越来越低。很快质子－质子链反应就会完全中断。常常是最后一个反应，即^{3}He核的熔化不能发生，因而使氢聚变为氦成为不可能。如果让恒星质量减小到大约有8%的太阳质量，恒星内就不会有氢燃烧，而且它内部的温度已不能使氢核聚变，因此靠氢的聚变而生存的主序星最小只能略低于1/10太阳质量。这就是主序的终点。如果再要求计算机构造比这质量更小而又存在氢燃烧的恒星模型，计算机就会抗议。如果想在巨大的宇宙实验室中构造一颗只有1‰太阳质量的恒星，则会产生各种可能，例如可能成为一个像行星一样的物体，但绝不会成为一颗有氢燃烧的极小恒星。

在大质量方向的主序终点又是怎样呢？如果让计算机构造一颗具有100、1000或100万个太阳质量的恒星又将会怎样？计算机确实能够构造出这样大质量的恒星模型，但是它们具有很奇特的性质：只要在一瞬间轻轻地将它们压缩一下，它们中心区域的密度就会明显增大，并使得温度随之上升。由于温度上升，又可以使那里以碳循环方式进行的氢聚变反应加剧，于是释放出的能量可以突然将压缩的恒星物质向外推开。但在这以后中心区域又明显冷却下来，使产能率下降，气体压强也相应下降，于是重力又将向外运动的物质再次向中心拉回来，这时下落的物质再次压缩中心区域，使上述整个过程重演。

许多科学家对这个过程进行了精确计算，其中之一是现在在海德堡工作的天文学家依莫·阿彭策勒（Immo Appenzeller）。他指出，这种振动会不断加强，致使恒星外层可以有部分物质以很大速度抛射到空间去而不再返回。每次振动都会使恒星失去一部分质量，一直到这颗超大质量星最后只留下大约不超过90个太阳质量的物质为止，于是这种循环就会停止了。它的中心区域将会由于压缩不再产生明显升温现象，核反应过程也不会出现很强的产能率增大，振动也不再加剧，恒星就变成具有90个太阳质量的正常恒星。它的氢将会平静地燃烧。

也许有人认为，所有这些过程的发生，正如开始所假设的那样，是有什么人压缩了一下这个超大质量的恒星，然后才使它开始了上述自己不断加强的膨胀和收缩的循环。幸运的是在宇宙中不存在会压缩恒星的人。人们必须考虑到，要想使这种振动能够发生，只需要极小的压缩，使恒星稍微偏离平衡状态就可以了。宇宙是充满各种扰动的。即使没有人从外部对恒星施加作用，单单是恒星内部的原子运动，或者恒星物质在以对流方式传输能量的区域内的运动，就可以使这种振动发生，并且使它一直振动到失去足够多的质量。

这样我们找到了恒星模型的主序的上部自然终点。这和观测所得到的结果正好一致。至今还没有人发现其质量比理论预言的上限还要大得多的恒星。

在某种程度上我们的计算机所构造的模型是正确的，但这种模型只表现了尚处于生命刚开始的原始恒星。在它们的中心区域氢很快就会减少。质量大的星中的氢首先减少，质量小的星经过足够长的时间后也会减少，恒星开始变老。在下一章里我们将利用太阳模型来研究恒星衰老的过程。

第 5 章 太阳的演化史

氦是氢燃烧后的产物。当原始太阳的表面向宇宙辐射能量的时候，它的内部氢转变为氦。随着时间的流逝，有更多的氢被消耗掉。对于原始太阳模型，我们曾假设它整体都是由以氢为主的一些元素组成，但是由于在太阳的中心区域新产生的氦不断增多，使得原来计算机提供给我们的模型很快就变得不那么准确了。

从原始太阳演变到今天的太阳

如果构造一个主序星的模型，就可以知道在它中心区域的每一点通过氢的聚变能产生多少能量，同时还可以知道在那里每秒能有多少氦产生。在原始太阳中心，每1千克物质能够在1年时间内新生产出一千万分之一克的氦。如果能计算出经过100万年后在恒星的每一个点可以产生多少氦，那么我们就可以知道从有氢的聚变开始，经过100万年后的太阳模型的化学组成情况。

现在我们让计算机来计算一个新的恒星模型，这个模型的中心区域的化学组成略有变化。在氦的含量变大的区域内，物质特性也随着发生变化。例如辐射透过率相应产生变化，而热核反应也不能像原始太阳那样还有那么多氢作为燃料。这样计算出的恒星模型可以反映出从有热核反应开始，经过100万年以后的太阳的情况。这个模型与原始太阳相比区别很小。因为太阳耗尽它的燃料需要数10亿年，而对于数10亿年来说，100万年是太短了，因此这个模型的表面温度和原始太阳的表面温度几乎相同，而光度略微大一点。虽然在新模型的中心氢略微少一些，但中心的温度还略有升高，并且那里产生的能量比原始太阳略有增多。

新的太阳模型同样可以告诉我们什么地方会产生能量以及在那里每秒钟有多少氢转变为氦。这样一来，我们又可以确定再经过100万年以后的新的化学组成，并且可以利用新的化学元素的混合比来计算新的恒星模型。

于是我们就能得到一个接一个的太阳模型。由于我们可以得到每一个恒星模型的表面温度和光度，因此可以在赫罗图中将一个个的恒星模型用相应的点标出来。用这种方法我们得到了在赫罗图中从原始太阳开始的一系列的点，它们显示了太阳在演化过程中是怎样在赫罗图中运动的。这样我们就了解到了太阳演化过程，这个过程如图5-1所示。图中的许多地方还标注了自有氢的聚变开始，演化到该处所经历的时间。图中由计算机得到的太阳的演化过程要经过赫罗图中代表今天太阳所在的点。由此可知，正如我们在原始太阳模型那一节中已经指出的，原始太阳的性质和今天的太阳的性质有所不同是由于演化原因造成的。今天的太阳的性质是太阳中心区域内氦的含量变大以后所表现出来的性质。这使我们有勇气相信我们对太阳的计算是正确的，因而我们也知道了太阳的实际年龄。从原始太阳演变到今天的太阳的

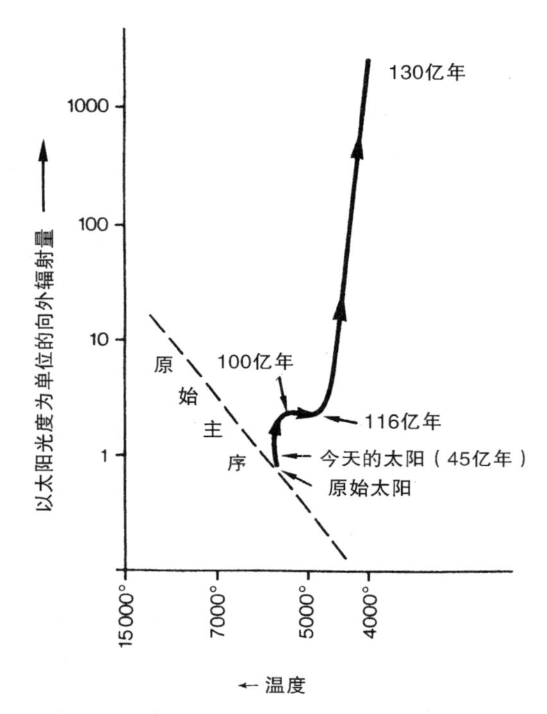

图5-1 在赫罗图中的太阳的演化程。演化是由原始主序的原始太阳开始，经过今天的太阳而进入红巨星区域。图中给出的年龄表示自原始太阳内氢燃烧开始所经历的时间

一系列模型共经历了45亿年，这就是我们的太阳的年龄，也就是它由原始太阳演变到今天的太阳所需要的时间。在深入研究它的未来之前，我们将再讨论一下现在的太阳。

借助于计算机构造的太阳，我们可以知道太阳内部的情况。图5-2的图（b）给出了一个表示现今太阳的模型。可以将它和图4-2的图（a）所表示的原始太阳相比较。它们相互之间没有本质的区别，

两个模型都有外部对流层，而内部的能量是通过辐射方式向外转移的，氢的聚变是通过质子–质子链进行。与原始太阳不同的地方是，在今天的太阳的中心区域内，由于有新的氦产生而使得氦的含量变大。在它的外层，每1千克物质中只含有270克氦，但在中心，每1千克物质中就含有590克氦。也就是说，从氢的聚变开始以来大约新产生了300克氦。

恒星物质在外部层内不断地被混合着。瞬间内处于表面的每一克物质，在一段时期前曾经停留在这个沸腾层次的底部。那里的温度高达100万度，比表面温度高170倍。我们还可以从其他方面得到提示，以说明表面对流层确实可以向内延伸到如此高温的区域。

太阳的重氢在何处

重氢是氢的同位素，它的原子核是由1个质子和1个中子组成。在恒星里它不是处于十分热稳定的状态。当温度达到50万度时，它就可以和一个正常的氢原子核聚合为一个氦的同位素。在自然界中只有很少量的重氢存在，例如它存在于星际介质中，而所有恒星都是由星际介质形成。在太阳形成的过程中必定存在重氢，因为在地球上已证明有它的踪迹。通常在海洋的水中，每5000个氢原子中就有1个重氢原子。

在太阳的大气中没有这种同位素。这并不奇怪，因为我们的计算机模型告诉人们，在太阳的外层内是不可能存在重氢的。这是由于对流而造成的结果。在太阳表面的每一个重氢原子都会因为物质的上升和下降运动迟早被带到对流层的底部。那里的温度达到100万度，因此在它远没有到达底部之前，就和一个氢原子核聚变成为氦了。所以在太阳的演化过程中，所有重氢都遭受破坏。即使今天从宇宙的某一地方有重氢飞到太阳上，只需经过两三年它就被带到对流层底部中，并在那里被消灭。

关于锂的问题

我们的计算机模型不能解释所有的问题。如果研究太阳表面的化学组成，便会发现有一种元素的含量比地球上通常的含量少很多。这就是元素锂。锂属于轻元素，它的原子核是由3个质子和4个中子组成。它在太阳中是非常稀少的。在每1千克的太阳物质中，如果和地球上的物质相比，或者是和来自宇宙并撞落到地球上的流星物质相比，锂的含量大约只有它们的1%。是否这种元素也会在对流层底部的高温下被破坏掉呢？

的确，如图5-3所示，锂可以吸收1个氢原子并转变为2个氦原子。但太阳表面的锂原子向内仅可以混合到温度为100万度的层次，这时的锂还不可能被破坏，必须达到更深的层次，当温度达到300万

图5-2（下页）不同演化阶段的太阳模型的内部结构，和图4-2相同。和图4-2相比。本图中用小圆圈表示的区域表示氦的含量已增大。黑点表示的区域表示氢已和原始的以氢为主的物质混合。晚期在中心区域只有氦。左边所有的图是用同一尺度画的（这个尺度与图4-2中左边的图不同），右边的图是将内部区域放大，并标出了放大倍数。图（a）为原始太阳，图（b）为今天的太阳，在图（c）中，模型的中心只有一个氦球，它是氢全部耗尽以后形成的。热核反应只在一个围绕氦球外部的壳层内发生。图（d）中的模型表明太阳已变成一个红巨星，具有很厚的外部对流层，而只有一个很小的氦核，它的大小可和白矮星大小相比。为了比较，将白矮星画在右下方，它的尺度和图（d）中将恒星内部放大1000倍后的尺度相同

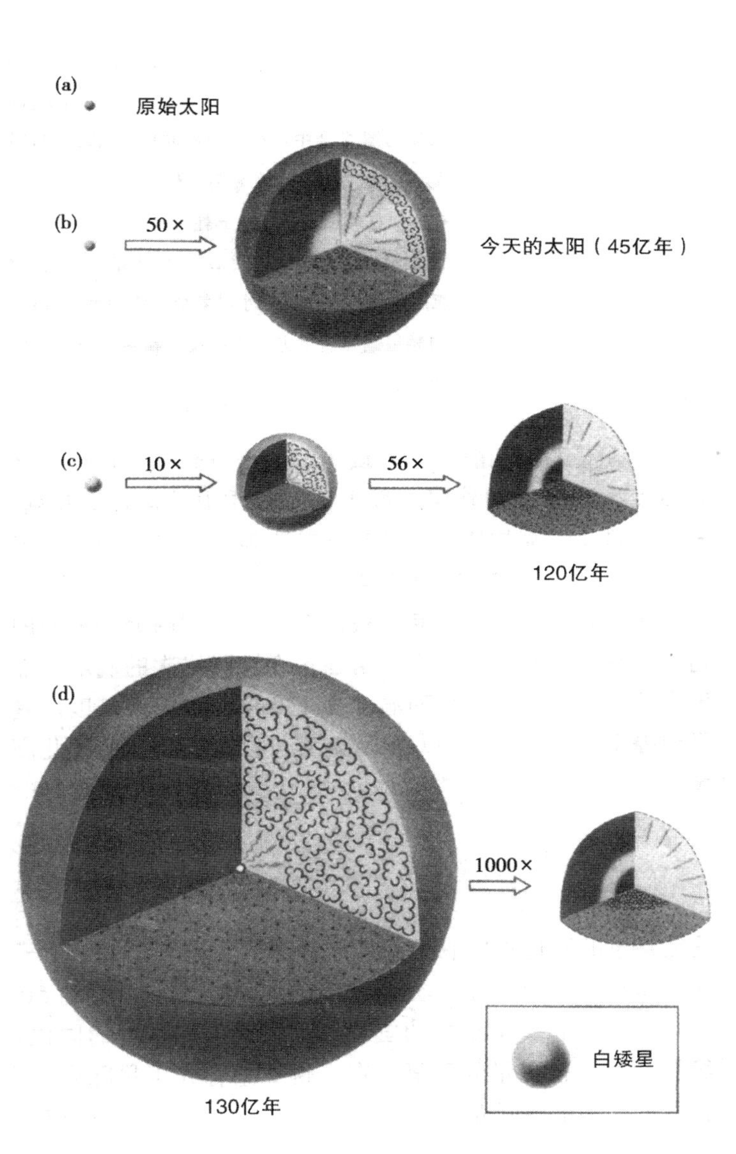
(a)
原始太阳
(b)
50×
今天的太阳（45亿年）
(c)
10×
56×
120亿年
(d)
1000×
白矮星
130亿年

图5-3 恒星内部的锂原子在温度达300万度时与氢原子聚合为氦

度时才能使锂受到破坏。从原始太阳到今天的太阳之间的所有计算机模型都指出，对流层达不到那么深，因此我们的计算不能解释是否从一开始太阳中的锂就很少。人们相信，太阳、行星以及流星都是由相同的物质组成的，也就是说，它们原始的化学组成是相同的。关于这点，今后在讨论恒星起源的时候，我们还要说明它。那么太阳的锂究竟位于什么地方？我们如何才能从这个困境中解脱出来？

要解决这个困难，需要追溯到原始太阳以前的演化阶段，即在恒星形成以后和氢尚未开始燃烧之前的这段时间。那时太阳的对流层可以延伸到内部很深、温度超过300万度的区域。这期间太阳外层内的大部分锂被混合到内部而被破坏。在第12章内我们将谈到这点。为此我们需要知道在原始太阳以前的情况。现在我们只研究太阳是怎样变老的过程，而把它的幼年时代放到以后来谈。

直到20世纪50年代人们才清楚和太阳类似的恒星在氢燃烧完以

后的命运（图5-1）。当时大型电子计算机第一次被应用于恒星的演化计算。在讲述其结果之前，我想先报道一些历史的、部分也与个人有关的事情。

1955年，进军红巨星

在这一年里发表了一篇由两位伟大的天体物理学家撰写的文章。这篇文章的篇幅很大，因而没有在通常的美国《天体物理学报》上刊登，而是在与它平行的增刊中刊登出来。其中的一位作者是弗雷德·霍伊尔（Fred Hoyle），另一位作者是马丁·史瓦西（Martin Schwarzschild）。当时霍伊尔已经是爱丁顿剑桥大学的教授，并发表了很多重要文章，其中包括关于恒星化学元素起源的论述。同时他还写了一些科学幻想小说。他写的《黑云》就被译成很多种文字，甚至有一次在德国广播电台作为广播剧演播。另一位作者马丁·史瓦西，当他的父亲（天文学家卡尔·史瓦西，我们以后还要讲到他）去世时年仅4岁。正如他后来所说的，他从儿童时代起就对天文感兴趣，但在一段相当长的时期中想成为商人的愿望妨碍了他从事天文事业的决心。后来使他真正成为天文学家的原因，是他缺乏撇开父业、自选另一种职业的独创性才能。1935年他在哥廷根大学获得博士学位。人们说，史瓦西和罗特席尔德（Rothschild）都是来自法兰克福犹太人聚居的同一条胡同。不过当时对于年轻的天文学家来说，与其生命相关的问题是要尽快地离开第三帝国的德国。他那留在德国的兄弟后来自杀了。马丁·史瓦西从挪威来到美国，并在第二次世界大战后成为普林斯顿大学的教授。

第二次世界大战后，史瓦西的普林斯顿学派构造了主序星模型，并试图研究在恒星中心的氢耗尽以后的性质。1955年他们的工作取得了很大的突破，第一次推算出一颗恒星是怎样从主序星演化到红巨星的。

当时计算机已在很大范围内被应用到天体物理中，霍伊尔和史瓦西利用计算机模拟恒星的演化。时隔不久，我也有幸效法了他们的工作。

1957年秋天，斯特凡·特梅斯瓦里（Stefan Temesvary，1915—1984）和我在哥廷根的伯廷根街接连很多夜晚坐在G2.的旁边，G2.就是由海因茨·比林（Heinz Billing）和他的同事在马克斯-普朗克物理研究所特制的计算机。在那个时候计算机还不能成套地买到，只能在研究所内自己制造。今天带程序的台式计算器的功能常常和当时由电子管做成的、能够占满一间房子并使房子加热的计算机的功能相同。当时天体物理研究所的所长路德维希·比尔曼（Ludwig Biermann）让我们利用这台计算机，并按照我们自己改善了的计算方法重新做霍伊尔和史瓦西的工作。

如果将我们当时采用的方法和今天的相比，就会知道现在的进步有多么大。当时为了计算恒星模型，需要任意地选取一组光度和表面温度的实验值，再一步一步地向内进行积分，一直积分到中心附近，但发现这个模型一点意义也没有。用数学的语言来说，就是在中心附近不能满足内部边界条件。于是整个计算又得从头开始，即利用改进的光度和表面温度值重复计算，争取能够较好地满足内部边界条件。

要想得到一个合理的模型，需要进行许多次由恒星表面向内的“积分”。当时进行这样一次计算，犹如到恒星去旅行，需要5个小时，并且还要求计算机在这5个小时内不出毛病，否则又得重新开始。而今天在同一研究所（在此期间这个研究所已迁到了慕尼黑）里的计算机计算一个完整的恒星模型只需要几秒钟。之所以能够这样快，不仅是计算机的功劳，同时也应归功于贝克里（Berkeley）的一个人以及他的同事们。

关于这些我将在下一章里报道。现在我们要讨论类似于太阳的恒星在氢燃烧完毕以后的性质，即讨论我们太阳的命运。正如以后将会看到的，它将直接关系到我们在这个行星上的未来。

太阳的未来

今后会怎么样？如果在太阳的中心氢不断地被消耗，氦不断地产生，将会产生些什么？模型计算告诉我们，首先，也就是在以后的50亿年，还不会发生很大的变化。正如人们可以由图5-1中看到的那样，太阳在赫罗图中慢慢地沿着它的演化程向上运动。这就是说光度只增大了一些，而表面温度却略微地减小了一点，即稍许变冷一点，此外没有更多的变化。

从原始太阳开始经过100亿年后，光度将比今天太阳的光度大约增大1倍。如果那时还有人类存在的话，早就会遇到困难的气候条件了，并且条件还要更坏。首先，太阳球体就比今天大约增大了1倍。

这期间在恒星内部已发生了本质的变化。在太阳中心，全部氢已经被耗尽，中心区域被一个氦球充满［比较图5–2的图（c），但那里给出的是一个年龄为120亿年的太阳模型］。在那里最初没有核燃烧发生，因为全部氢已经耗尽，而温度又远低于能使氦发生聚变的温度。只有在氦球的表面，即在氦与氢两种物质交界的地方，还存在氢的聚变反应。氢在那里被燃烧，同时产生的物质不断并入到质量增大的氦球内。如果说我们的太阳过去一直有一个氢燃烧的中心区域，那么它现在就有一个氢燃烧的壳层。这个壳层还在不断向含氢丰富的外部吞食物质。所以随着时间的增长，中心氦球的质量在不断增大。

在赫罗图中恒星的演化程转向右上方，移动到红巨星区域，如图5–1所示。太阳球体不断地变大，同时稍许变冷。在130亿年后，太阳将变得比今天的太阳大约大100倍，光度增大2000倍，而它的表面温度则明显地变低，只有4000度，比今天的太阳低1800度。

但这还不能拯救我们，地球上的海洋早在这之前就已经蒸发完了，铅也在阳光中熔化了。地球变成了一个大火炉，这里不会再有生命存在。一个能占据大半个天空的巨大的红色太阳球体将照射着早已没有生物存在的地球表面。最后也许有人很想知道，由计算机预算出来的这一切能否是真的？

我们的观测正确地描述了今天的太阳的一些主要性质。能否根据这点就正确地预言它的未来很可怕呢？为此我们还得到一个直接的证据。如果看一下图2–9中所示的一个球状星团的赫罗图，便可以看到大约在3个太阳光度，即相当于1.3个太阳质量以上的主序部分都是空的。这就是说，这个星团中比较亮的主序星的中心部分的氢已经燃烧完了。等于和大于1.3个太阳质量的恒星都位于一个分支上，这个分支是由主序向右上方伸入到红巨星区域的。这些恒星的演化和我们对太阳的计算完全相同，它们只是在质量上和太阳略有不同。

因此我们在图5-4中，将这个球状星团的赫罗图中的一颗类似太阳的恒星的演化轨迹用黑线画出来。显然，在球状星团中，恒星的演化和我们所期待的太阳的未来相同。图中一颗正好处于向右上方陡峭

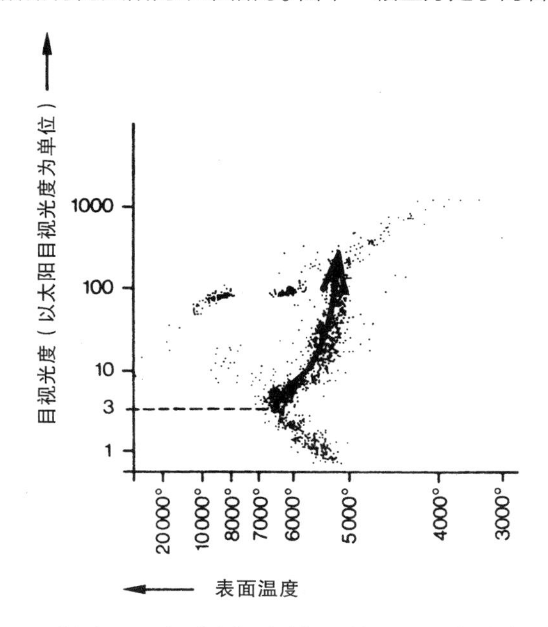

图5-4　曾经在图2-9中已给出的一个球状星团的赫罗图。现在又给出了它的演化程（黑线）。它指明恒星怎样由主序变到红巨星区域。在本图中画出的演化程和图5-1中的太阳的演化程相比，数量上不相符合。这是因为离开主序时的恒星质量有些不同（在这个星团中，质量和太阳相同的恒星仍停留在主序上），而且在球状星团中化学组成也不同，同时还因为总辐射和可见光部分的辐射不同而造成。但是可以定性地看到，这个球状星团中恒星所处的状态也是我们太阳将要面临的状态

上升的恒星，和80亿年后的太阳的情况相同。这些恒星是太阳的先行者，现在它们就能告诉我们将来的太阳会是怎样的。假若在这类星中还有行星围绕着某些恒星转动，并且在这些恒星上面还曾有过生命，那么到那时所有的生命都早已消失，他们的踪迹早就被恒星辐射出的热流所烧毁。很遗憾，我们的观测证实了对太阳的预言是正确的。

太阳的中微子

我们用计算机得到的太阳模型的性质和观测到的现象相一致，球状星团的赫罗图也表明对太阳未来的预测也是正确的，虽然这个预测对人类来讲并不很乐观。对于天体物理学家来说，好像一切都是正常的。但有一件美中不足的事情不断被核物理学家所谈论，他们甚至认为对恒星演化的看法可能不完全正确，计算机模型也许是错误的。

产生这种怀疑的态度是由于一种不显眼的基本粒子。这种基本粒子是在氢聚变为氦时附带产生的。它对于太阳并无实际意义。这个怀疑是由在美国南达科他州一个被废弃的金矿里所进行的一项实验所引起。

这种粒子就是中微子。它是呈电中性的，实际上也没有质量，它以光速运动。在描述质子-质子链时我们已经看到，每当2个氢核发生聚变时，就会释放出1个正电子和1个中微子（图3-3的上部分）。正电子很快和一个负电子结合并产生一个光量子，而中微子不和任何其他粒子反应，因而它不被任何物质偏转，它从产生地以光速沿着直线飞出去。周围的太阳物质对于中微子毫无影响。对于一旦形成的粒子来说，可把太阳物质看作不存在。为了躲避一个朝我们飞来的中微子，我们需要躲在一堵墙的后面，这堵墙的厚度若是以千米为单位，那么需要用一个15位的数字来表示。幸运的是，我们不需要对中微子进行防护，因为当它们穿过我们时，不会损伤身体的任何一个原子。

因此在太阳中心产生的中微子是以直线朝空间飞出去的，并且也能和地球相碰。无论是白天或是黑夜，它们都可以毫无阻挡地穿过地球。白天是从上面飞来，而夜晚则是从下面飞来。假若存在中微子望远镜可以观测中微子的话，那么就可以看到在日面的中心有一个小的亮斑。这个亮斑是在恒星的中心区域，即有质子－质子反应发生的地方产生的。用这架望远镜当然也能在晚上看到这个亮斑，只需在太阳下山以后，把望远镜指向地平面以下太阳所在的方向，因为地球对于这架望远镜来说是透明的。

但是中微子望远镜是不存在的。因为要造一架这样的望远镜，必须能够用透镜或反射镜将中微子进行偏转，正像在照相机或电子显微镜中可以将光线或电子进行偏转一样，然而中微子却永远是直线飞行的。

不过有几种特殊的原子，它们能对从它们近旁飞过的中微子稍微产生一点阻挡作用。最著名的要算氯的同位素^{37}Cl。如果还能有什么原子可以让中微子停住的话，那么首先会是氯原子。这种情况几乎是不可能发生的，但如果偶然地发生了，氯原子能够将碰撞它的中微子吸收，并从原子核中放出一个电子，余下的就成为一个氩原子（图5-5）。由此产生的氩原子并不是通常的惰性气体的氩原子，而是它

图5-5 一个中微子可使一个氯原子变为氩原子，同时产生一个电子

的同位素。大约要经过35天它才会恢复原状。有名的雷蒙德·戴维斯（Raymond Davis）的太阳中微子实验就是建立在它的基础上。这个实验之所以著名，就是因为它使天体物理学家不知所措。但在讲述这个实验之前，我想先指出另一个困难。

氯原子只能和高能量的中微子反应，而质子-质子反应中产生的中微子的能量比较低，不能和氯原子反应。因此假若在太阳中不存在产生高能量的中微子源的话，我们就可以不考虑太阳中微子的问题了。和质子-质子链相关联的还有一系列的附加反应，它们对于提供太阳的能量来说是无关紧要的，因而从来也没有提到它们。在这些反应之中，有一种反应发生的概率会随着氦的增加而增大，这个反应在图5-6中表示出来。一个质量数为4的正常氦原子和一个质量数为3的氦的同位素相碰撞，便会产生一个质量数为7的铍原子。如果这个铍原子在发生放射性衰变之前，又与一个氢原子相碰撞，就能产生一个质量数为8的硼的同位素。这个硼原子也是放射性的。经过一定时间后，它将重新变为铍原子，在这个转变过程中会释放出一个正电子和一个

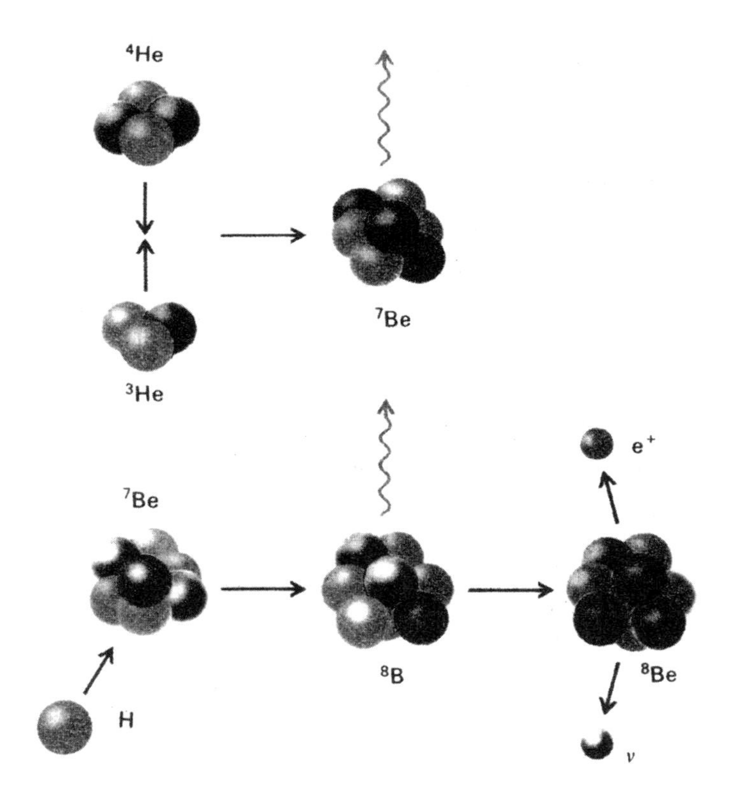

图5-6 在质子-质子反应（图3-3）的一个附链中产生放射性同位素^{8}Be，它能放出一个正电子和一个能量较高的中微子。用波纹箭头表示的是辐射出的光量子

高能量的中微子。

因此而生的中微子正好可以和氯原子反应，那么中微子同样可以毫无阻挡地穿过物质，甚至穿过大量由氯组成的物质。氯原子虽然很少和中微子作用，但不时地会发生氯原子与一个从它旁边飞过的中微子进行反应。上面提到的实验正是在这个基础上进行的。

雷蒙德·戴维斯的太阳中微子实验

制造一个太阳中微子探测器是可能的。遗憾的是，它只能探测到对于天体物理学家而言不很重要的、在铍-硼附加链中所产生的中微子，而对于和太阳（同样也是对我们）生命相关的质子-质子反应中产生的中微子，它则完全探测不到。但是如果我们的太阳模型是正确的，那么由硼衰变产生的高能量的中微子也应该被证实。

戴维斯想出了下面这样一个实验。为了防止干扰，他将39万升的四氯乙烯灌入在地下1500米深处的一个用很厚的水层包围的池子里。四氯乙烯是清洗工业中一种主要液体，它和四氯化碳是近亲。这种清洗液的每个分子中含有4个氯原子，其中平均有一个是对中微子敏感的同位素^{37}Cl。用这种液体灌入是将大量氯原子集中到一个很小的体积内的最经济和最方便的办法。氯原子在每一瞬间都被来自太阳的中微子所照射。在通常情况下不会发生什么情况，因为无数个由质子-质子反应产生的能量较低的中微子可以毫无阻挡地穿过这个池子，只有在硼衰变时产生的高能量的中微子才有某种可能被捕获。如果用天体物理学家的太阳模型估算高能量的中微子数目，那么平均每天在这个池子里将有一个氯原子被一个中微子转化为氩原子。

如果等上好几天，就会有很多氩原子形成。但是氩原子经过35天以后又会发生衰变，重新变为氯原子。如果将这种液体长期地置放在能够穿透一切的太阳中微子流中，便很快可以建立起一种平衡：平均来说产生和衰变的氩原子数目是相等的。不过很遗憾，由此得到的氩原子的浓度极低。假如太阳模型是正确的，则整个池子大约只有35

个氩原子。

要在610吨液体中找出35个氩原子，这个任务比在干草堆里寻找一根针还要困难得多。仅仅在1立方厘米的体积中氯原子的数量就已多到要用一个22位的数字来表示，而戴维斯的池子里有39万升，即有3.9亿立方厘米四氯乙烯！然而人们要在这个池子里去寻找35个氩原子！实际上这项任务是可以解决的。首先将氦气注入到液体中，再借助于氦可将氩原子漂洗出来。实验结果证明用这种方法可将池子中95%的氩原子取出来，因为由太阳中微子反应生成的氩原子是放射性的，因此一旦从池子中取出来并发生衰变时，就很容易用计数管测量出来。

清除了氩原子后的液体里又可以形成新的氩原子，过一段时间可以将它们再次取出并进行计数。因此，四氯乙烯池子是一个取之不尽的探测器，在池子里面不断有放射性氩原子产生。

我们期待平均每天在池子里会有一个反应发生，但是很遗憾，多年测量结果却表明，平均每4天才有一个反应发生。由此我们得到一个结论，每秒来自太阳的高能量的中微子的流量只是我们所期待的1/4。

天体物理学家一遍又一遍地计算太阳模型。戴维斯不断地寻找着一切可能的误差来源，然而这个矛盾始终存在。是我们在太阳模型的计算中有错误，还是金矿中的实验不正确？

很难设想所有用计算机进行的计算都是错误的。我们已经看到，计算的太阳模型在很多方面都与实际太阳相符合。实际上，只要将太阳模型中的高能量的中微子流量用一个很小的改正量相减，就可以消除和实验的矛盾。而这只需将太阳模型的中心温度降低一点就可以达到。但不幸的是，我们找不出任何一个理由来说明太阳模型的中心温度应该比计算得出的值要低一些。

假若中微子的寿命不能任意长的话，那倒是可以找到一条解决矛盾的出路。如果有很多中微子就像其他粒子一样，比如它们在由太阳到地球的8分钟路程中已经分裂为其他粒子，那么在氯实验中计数到较少的中微子就不足为怪了。但是物理学家确信中微子本身是不会衰变的，所以这条出路被堵死了。

我本人是不相信在计算机模型中会存在重大错误的，但很有可能是计算用的铍-硼链的反应速率不正确。如果处在这个链开始状态的两个氦核，即一个正常的氦和一个较轻的氦同位素，相互之间的反应概率远小于核物理学家所相信的概率（图5-6），那将会怎样？太阳会发生变化吗？不会，因为太阳的能量是由质子-质子链提供，所以它不会对太阳有影响。它除了会减小高能量的中微子流量，从而与氯实验相符合以外，太阳内部不会发生其他的变化。因此即使存在与氯实验的矛盾，我也不相信我们必须对太阳内部结构的概念做重大的修正。

镓实验

除了氯以外，还有其他原子能够和中微子发生反应。其中之一是镓的同位素。它的质量数是71，它在吸收一个中微子后变为锗。镓实验和氯实验相比，其本质区别在于低能量的中微子也可以被计数出来。也就是说，在镓实验中计数的是质子-质子链中产生的中微子，它是真正在太阳能量产生过程中释放出的中微子，而不是产生于不太重要的附加反应中的中微子。

为什么不立即进行镓实验？其困难首先在于怎样计数中微子反应中产生的锗原子。这样就需要先研制出合适的探测器，但正如一切中微子实验所遇到的情况一样，又使人陷入到一种新的困境之中，即中微子被一个原子捕获的现象极为罕见。为了使太阳的中微子流量能够达到每天至少让一个镓原子变为锗原子，那么就要求在池子中至少有37吨镓。这个数目和全世界纯镓的总储备量相比不是一个小数目。镓是制造铝的副产品，目前1吨镓的价格将近100万马克。当然为了进行实验只须借用一下镓，以后还可以还回去。这样能否使价格大为便宜些也还成问题。为了预防战争，每一个大国必定有镓的储备，因为电子工业需要镓，所以镓总是有的。

当我写这一段的时候，位于海德堡的马克斯-普朗克核物理研究所正在制造锗探测器，并且在美国、以色列和（前）联邦德国进行一些谈判，以便暂时得到1吨镓作为进行预备实验的手段。大型的实验迟早也会进行。它能不能证实我们对于太阳内部结构的设想？或者将使天体物理学家知道我们所相信的有关太阳能量产生的知识毫无价值？

读者也许会感到奇怪，我们讨论今天的太阳，然而对它的另一些特性却完全置之不理。我们没有讨论太阳黑子以及它的11年周期，也没有讨论日珥和辐射爆发，而这些是在报纸上经常可以读到的。我们忽略这些的原因是为了集中研究太阳的主要性质。太阳的最外表层具有上面列举的一些精细现象，这正像我们地球上的气象一样。人们要想了解地球的历史，并不一定非要关心闪电和打雷的现象。

第 6 章
较大质量恒星的演化史

至今还没有得到解决的氯和中微子实验对于天体物理学家的自信心并没有产生很大的影响，因为还有其他的例子可以说明计算结果和天文观测是一致的。本章将要讲述这些例子。在这章里我们要研究质量远大于太阳质量的恒星的演化。由于质量较大的恒星消耗核能源比较快，所以它们属于能源已在很大程度上被耗尽的恒星。天体物理学家可以检验，由计算机预测到的这些恒星的演化过程是否和宇宙中真实的过程相符合。

但是要用计算机去模拟计算一颗恒星从早期直到相当晚期的演化阶段，还存在很多困难。绝不可以认为，只要有一台第二次世界大战后出现的大型计算机就能很好地、自动而准确地进行计算了。为了要知道恒星随时间的演化，首先需要发明新的计算方法。

外行人可能会奇怪，为什么单纯有台大型计算机还不能解决某一计算任务，还需要有新的计算方法？一般地说，从事观测的天文学家都很明白，如果有一台新的望远镜或是一个新的天文卫星，人们就能观测到更遥远的天体。然而发明一个新的数学方法也可以取得相同的进展这一点就不那么容易被人所理解了，因为数学方法并不能做成木制模型或纸模型，或者是做成彩色幻灯片，也不致于使人们为它举办由主管部长亲自出面主持的庆典。

路易斯·亨耶和亨耶方法

从1955年霍伊尔和史瓦西发表文章以后，和太阳质量差不多的、类似太阳的恒星的演化理论就停顿下来了。在红巨星区域，模型的中心温度为1亿度，这时应该开始氦的聚变反应，但是一旦这种新的核反应在模型中发生时，计算方法就宣告失效。人们已经知道，在这类恒星中氦燃烧会进行得很激烈、很快。例如1952年利昂·梅斯特尔（Leon Mestel）就曾在剑桥大学所做的博士论文中指出了这点。但是人们并不知道利用当时采用的方法会使计算机失效，它根本算不出模型来。

对于较大质量恒星，情况还要更糟糕一些。人们只能计算到中心对流区域内氢逐渐被消耗的阶段。一旦氢耗尽时，计算机立即就“畏惧”了，根本得不到进入红巨星区域的恒星模型，因而还达不到像霍伊尔和史瓦西已做到的程度，他们曾经得到了类似太阳的恒星在红巨星区域的模型。这种状况一直到20世纪50年代末都没有新的进展。

与此同时，计算机工业却不断地把效率更高的机型投入到市场上来。即便这样，问题并未得到解决。霍伊尔和他的同事们曾试图计算较大质量恒星的演化，但没有取得大的成果。史瓦西也是徒劳地想让类似太阳的恒星通过氦燃烧阶段。这时在日本以物理学家林忠四郎（Chuchiro Hayashi）为首的一个小组用台式计算机，并采用手算的方法，计算一个简化的模型，试图得到较大质量恒星在其中心氢耗尽后的命运。后来证明，日本人的计算结果和实际情况是比较接近的，但还是需要发明新的计算方法。

在月球背面有座亨耶环形山。这是国际天文学联合会1970年为纪念在这年年初逝世的路易斯·亨耶（Louis Henyey）而给它取的名字。亨耶曾在天体物理的许多领域内研究过，但他给天体物理带来的影响最大的工作当然是计算方法的发明。今天人们称这种方法为亨耶方法。

1961年8月，国际天文学联合会在加利福尼亚州的伯克利举行大会，会上宣读了大量的各种专题报告，其中有一个报告是伯克利大学天文系的路易斯·亨耶做的。这个报告是关于一个新的恒星模型计算方法。在这以前人们早已传说亨耶发明了一种新方法。几年前他的小组已发表过一篇文章，但是那篇介绍新方法的文章非常难懂，任何人，甚至可能包括亨耶本人在内都甚感费解。不过现在这种方法已大大简化和改进了。

亨耶不属于发表文章又多又快的人，所以那天下午所有对恒星演化理论的进展感兴趣的人都来听他的报告。我听不懂，但很勤快地做了记录，会议以后我能有半年时间到普林斯顿的马丁·史瓦西那里工作。我可以证明史瓦西是怎样根据他的记录将亨耶讲述的方法重新整理出来的。以后我才着手看我的记录，几天以后我也明白了亨耶方法的原理。史瓦西立即应用这个方法去研究长期折磨他的类太阳恒星的氦燃烧问题，并在很短时间内就使演化程通过了几乎爆发式的快速演化阶段。亨耶方法使他能够模拟计算一颗恒星的演化，并顺利通过了以前无法通过的演化阶段！

经过在帕萨迪纳逗留以后，我在1962年秋回到了慕尼黑，口袋中装有我对亨耶方法的加工品。

阿尔弗雷德·魏格特在这期间已经移居到慕尼黑，并在我们的马克斯普-朗克研究所工作。他和一位保险公司的女数学家埃米·霍夫迈斯特（Emmi Hofmeister）已经准备好和我一起用亨耶方法来构造恒星模型。天体物理研究所（这期间它已由原来物理研究所中的天体物理部分变成了天体物理研究所）的计算条件一开始就很好，真是一切道路畅通。我们想模拟计算较大质量恒星从主序到红巨星区域的演化。对于这类恒星，只要当它们离开主序时，通常的方法就会失效。

1963年3月，我们所选择的一颗质量为7个太阳质量的恒星不仅离开了主序，而且远远地深入到红超巨星区域，开始了氦聚变为碳的反应。我们给伯克利的亨耶发去了一个电报："亨耶方法已在慕尼黑工作，感谢你！"

在这些星期里，一颗7个太阳质量的恒星的演化史诞生了。

一颗7个太阳质量的恒星的演化史

为什么正好选7个太阳质量的恒星？我们选择这颗星来进行计算的原因是希望它在演化的后期有一定把握经过所谓造父变星的演化

阶段，并具有这类变星的全部性质。而在这以前没有人能看到一颗普通的主序星怎样在演化过程中变成造父变星的。现在有了强有力的亨耶方法，就有希望达到这个目的。果然，这颗恒星在演化过程中甚至多次地经过了造父变星阶段。关于这点我还要再提到，但现在我想先按顺序地介绍一下7个太阳质量的恒星的演化过程。

先从主序阶段开始。这时恒星内部的化学组成是均匀的，并且是由含氢丰富的物质组成的。该恒星具有主序星的所有性质。图6-1、图6-2给出了这颗星在主序以后的变化。图6-1中的各图表示的恒星在不同演化阶段的内部结构，是从图6-1中的图（a）所示的化学组成均匀的初始模型开始。图6-2给出了这颗星在赫罗图中的演化程，图中同时还给出其他质量不同的恒星的演化程。演化程是由主序开始，而且也正如我们所希望的那样，进入到红超巨星区域。以前有人曾经说过，恒星的氢储量可以维持供能很长时间。由图2-11就可粗略地看出，7个太阳质量的恒星根据它的氢储量可以生活几千万年，并且要在相当长的时间内，氦才会在对流核内逐渐增多。这期间恒星的总结构仅有微小的变化：它的半径略微地增大了一点，表面温度先是下降然后又上升，光度增大了一点点。恒星在赫罗图中先慢慢地往右移动（图6-2），然后又转为向左移动，但它在整个这段时间里一直停留在主序带内。由氢燃烧开始到中心核内的全部能源耗尽大约要经过2600万年。在这以后，恒星的内部将会发生大的变化。

由于中心核内产生的能量已不够维持它的辐射，于是在一个壳层内发生了氢燃烧，这个壳层就处于氢已燃烧完的核的外面。这和太阳演化史中所出现的壳层源一样［图6-1的图（b）］。在壳层外部的物质仍是含氢丰富的原始物质，而在壳层源以内则仅仅是氦了。所以恒星现在有一个氦核，并在氦核的外表层内发生氢聚变为氦的反应。

这以后的恒星演化进行得很快。壳层源内部的氦核向内收缩并变热，它外部的恒星外壳向外膨胀并不断变冷。恒星的表面温度大大降低，相反光度却维持不变。在赫罗图中恒星水平地向右移动，它变成了红超巨星［图6-1中的图（c）和图6-2］。这个转变仅用了50万年。在这个相对很短的时间里，恒星由左到右穿过了整个赫罗图。

恒星在红超巨星区域出现了一个新的现象。外层在温度下降时变为不透明，因此在这里能量的传递要靠对流来进行。于是，恒星内出现一个很厚的外对流层，它从表面一直延伸到内部。恒星总质量的大约70％暂时都在外对流层内。有物质上下运动的外对流层还没有深入到能够使恒星中心区域新产生的氦和外部混合，氦仍然保留在中心附近。

图6-1 一颗7个太阳质量的恒星在不同演化时刻的内部结构。左边各图的恒星是以相同的比例尺画出。右边则是将恒星内部放大以后表示出来的。在演化的后期阶段，有必要将内部区域进行第二次放大并表示出来。图中的符号和图4-2、图5-2中的符号相同。在氦点燃以后将有碳产生，它是通过图中的黑圈表示。图（a）为具有对流中心区域的原始主序模型。图（b）为2600万年以后的恒星，它的半径还没有变化。由左上方的剖面图可以看出，它的中心区域内已开始了由中心向壳层燃烧的转变。图（c）表明氢点燃2650万年后在中心出现了一个氦球。氢聚变只在一个壳层内发生，恒星的半径变大了；由左边的右上剖面图可以看出，恒星有一个很厚的外对流层。图（d）表明再经过10万年以后氦已经点燃，现在恒星依靠外部壳层内的氢燃烧和中心的氦聚变来供能，恒星变得更大了。图（e）表明氢点燃3400万年后中心的氦已耗尽了，恒星依靠两个壳层源来供能，外部壳层源是氢燃烧，内部壳层源是氦燃烧，恒星暂时地变小，并失去了外部对流层。图（f）表明再经过200万年恒星又变为红超巨星，它的氢燃烧壳层已消失，这时恒星仅依靠氦的聚变来供能，它的化学组成已变得相当复杂：外部仍然是由原始的含氢丰富的物质组成，下面是一个很厚的氦层，氦层内部有一个极小的由碳组成的中心球

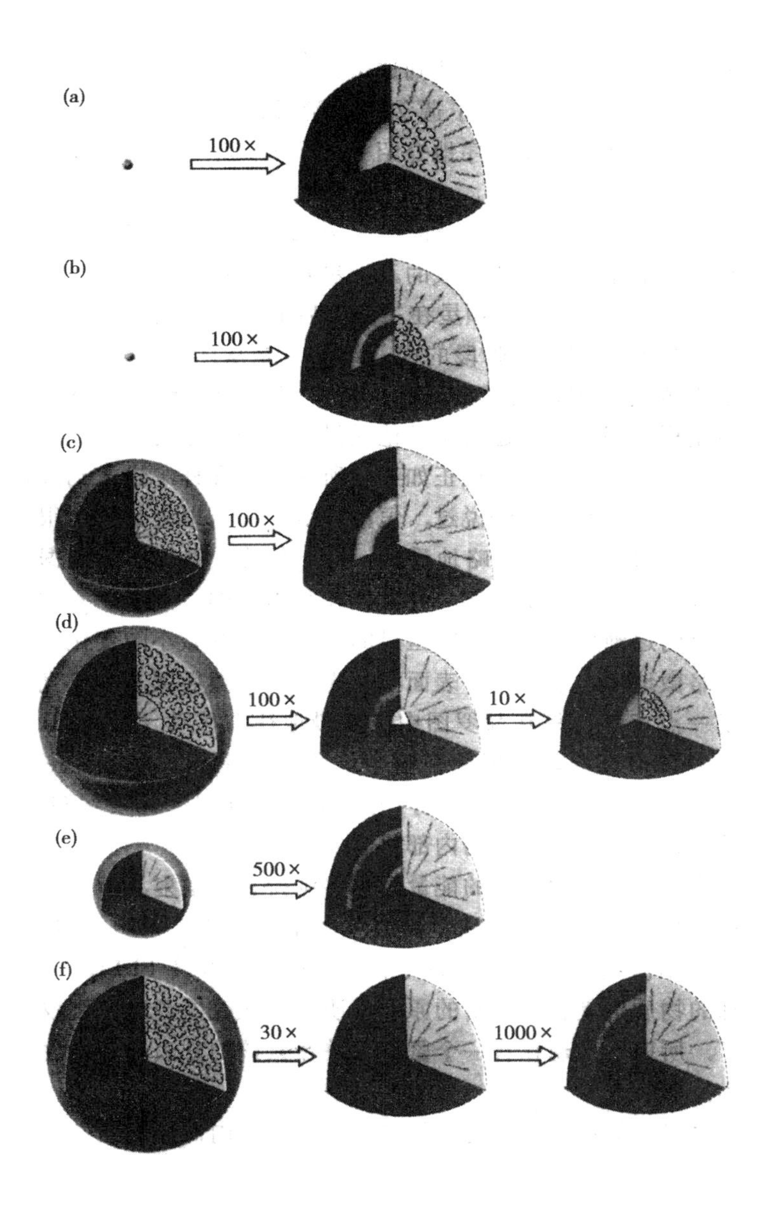
(a)
100×
(b)
100×
(c)
100×
(d)
100×
10×
(e)
500×
(f)
30×
1000×

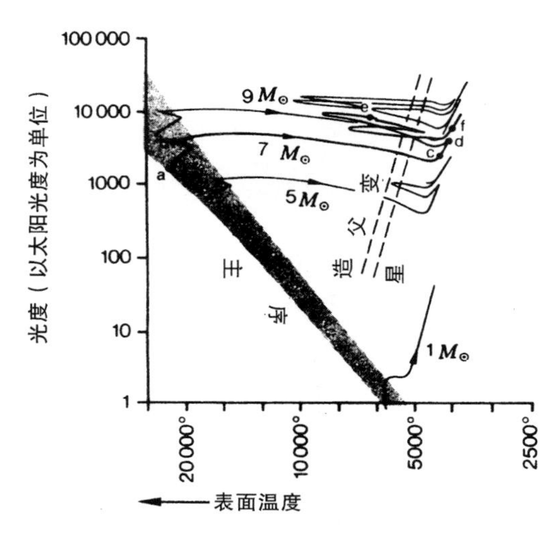

图6-2 不同质量恒星的演化程。在演化程上写的数字表示以太阳质量为单位的恒星质量。当1个太阳质量的恒星的演化程走向红巨星区域时（我们已在图5-1中看到），较大质量星的演化程将进入超巨星区域成为更大的红星。7个太阳质量的恒星的演化程上的字母表示图6-1中所示的模型。两条平行虚线所夹的带表示造父变星所在的区域

同样，红超巨星区的内部也进入到了一个新的演化阶段。当外部区域向外膨胀时，已燃烧完的氦核却强烈地向内收缩，并使中心的密度可以升高到每立方厘米6千克。被这样压缩的物质不断变热，最终可以使温度达到1亿度。正如我们已经知道的，这个温度可以使氦转变为碳。从恒星在主序有氢聚变开始，经过2650万年后它又开发出一个新的能源，即氦聚变为碳（图3-4）。和以前的氢燃烧一样，现在氦燃烧也是集中在恒星最内部的中心附近，并且在这里同样也出现了一个相对小的对流核。恒星的光度现在由两个能源来提供：首先，在壳层内有氢转变为氦；其次，在中心有氦转变为碳的核反应［图6-1的图（d）］。

这以后恒星的演化将变得相当复杂。最内部的核内碳在增多，而氦不断被消耗。从氦开始燃烧起经过600万年以后，中心的氦就全部烧尽了。和从前一样，现在又出现一个使氦变为碳的壳层源。恒星的化学组成现在已不那么简单了：外层仍然是原始的，即从恒星诞生时就有的以氢为主的混合物；在它的下面有一个氦层，氦层内部还埋有一个碳球。核反应是在两个交界面上发生的，即在原始混合物与氦过渡的交界以及更内部在碳和氦的交界面上。所以恒星现在有两个壳层源［图6-1的图（e）］。在赫罗图中恒星多次地来回运动，但大部分时间是停留在红巨星区域。最外部的壳层源很快熄灭了，恒星只能依靠氦聚变来产能［图6-1的图（f）］。以后的过程变得更复杂，中心区域的温度迟早要达到使碳转变为其他元素，并且使核反应继续下去。

这就是我们在1963年所得到的7个太阳质量的恒星的演化历史。以后又有很多科学家进行了类似的不同质量的恒星的演化计算。美国的皮埃尔·德马尔凯（Pierre Demarque）和伊科·伊本（Icko Iben）计算了很多演化程。现在厄巴纳市伊利诺伊大学当教授的伊本尤其注意研究恒星核反应的各个细节。他现今的工作是寻找恒星如何能够将内部形成的元素同位素带到表面的机制。因为在有些恒星大气里出现了一些元素，它们是不久前在很深的内部刚刚形成的。 波兰的博丹·巴钦斯基（Bhdan Paezynski）也是研究恒星演化的先驱者。他是在一个不利的条件下起步的，因为华沙的计算机功能比他的同行们的计算机的功能要差得多。然而他还是将一个复杂的、按亨耶方法编制的程序在这个计算机上进行了运算。粗略地说，2个太阳质量到大约60个太阳质量之间的恒星，它们的演化和以上所说的7个太阳质量的恒星的演化很相似，而较小质量恒星的演化和太阳的演化相似。

演化程与星团的赫罗图

今天，还不太清楚恒星以后会怎样演化，但我们已经可以用上面叙述的这段演化过程与观测进行比较，以检验计算机得到的关于恒星内部的演化过程是否与观测到的实际情况相符合。以前曾经说过，令人遗憾的是我们不能直接对恒星的性质，如它的光度和表面温度，在时间上连续地、一个接一个地观测，以证明它在赫罗图中是否真正沿理论演化程由主序移动到红巨星区域，所以只能用间接和观测进行比较的办法来检验这个理论。让我们看看图6-2所示的1个太阳质量和7个太阳质量的恒星的演化程，它们都是由主序移动到红巨星和红超巨星区域。假设它们都是同时开始氢聚变的，那么大质量星经过几百万年以后就已向右移动了，而小质量星仍要停留在主序上长达几十亿年之久。

在星团里有各种质量不同的恒星，如果它们的年龄相同，那么大质量星要比小质量星处于更晚的演化阶段。为了能用图形来说明这点，阿尔弗雷德·魏格特和我在20世纪60年代想出了一个办法，即用图形表示出一个星团在不同时间的演化进程。我们人为地构造了一个星团，它由190颗质量不同的恒星组成，这些恒星的质量从23个太阳质量到0.5个太阳质量不等。假定它们随质量的分布和一个真实星团的分布大致相同，即让它有6颗星大于10个太阳质量，42颗星的质量在1个太阳质量到2个太阳质量之间。对于这个人造星团，人们可以计算它每颗星的演化程。

从所有星都是主序星的时刻开始，画出这个人造星团的赫罗图，我们得到了一个完全通常的主序［图6-3的图（a）］。300万年以后最亮的星，当然也是质量最大的星，已经将中心的相当部分氢耗尽了，因此它离开了主序。从氢燃烧开始，经过3000万年后大质量恒星都明显地向右运动了［图6-3的图（b）］。这个人造星团中有几个成员，即质量最大的几颗星，已经历了我们今天所知道的恒星演化全部阶段，因此它们所处的演化状态已是理论计算还没有达到的。在这里以及在以后的图中，我们将这些星取消。

年龄为3000万年的赫罗图表现出具有观测到的赫罗图的许多特征。在主序上由下往上直到某一光度值为止还有恒星占据，主序右边有红超巨星。图6-3的图（c）给出从氢燃烧开始，经过6600万年以后的人造星团的赫罗图：主序自上往下有更多的区域已经没有恒星了，而在红巨星区域有一些星（现在已经包括质量稍小一些的星）。

图6-3的图（d）给出了人造星团在42亿年，即成年时期的赫罗图。它和上一个图相比形状完全不同：在主序下部出现一向右的弯曲，然后接着有一个很陡的向上的分支。造成和以前图形不同的原因在于小质量星的演化程不同，因为现在是类太阳恒星运动到红巨星区域了。这个图形的特征结构可以在年龄极老的星团中找到，比如可以将人造星团的图和图2-9所示的球状星团的赫罗图相比较。通过比较还可以清楚知道现今理论所达到的极限。观测者会发现和理论完全相同的现象，即恒星集中于主序的下部和一条先向右弯然后向上走的曲线上。此外观测者能在一条接近于水平的带上发现有很多恒星，它们在可见光范围的亮度比太阳大100倍。然而这条所谓的球状星团的赫罗图中的水平分支，在我们的人造星团的赫罗图中是没有的。显然真实星团

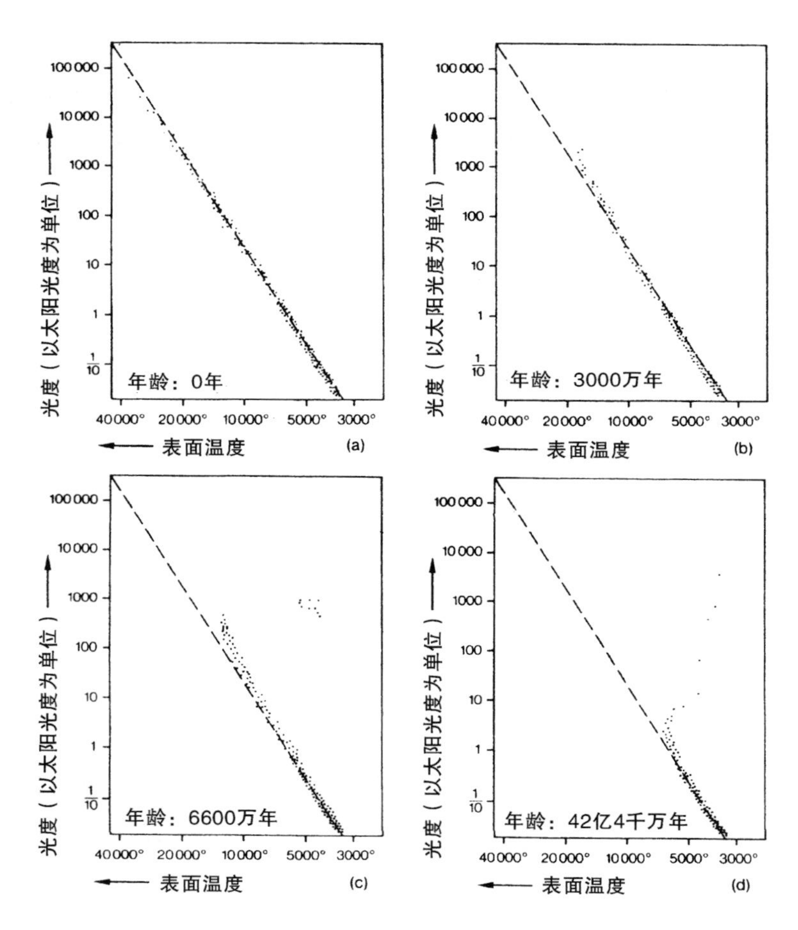

图6–3 一个人造星团不同年龄的4幅赫罗图。每个点代表一定质量的恒星，它随时间的运动是沿着计算机计算的演化程运动。对于4个不同时刻，标出了这些点所在的位置

中所观测到的这些星是处于理论还达不到的演化阶段中。正如前面已经说过的，我们将那些已经历了全部演化阶段而处于理论还不能达到的演化阶段的恒星从人造星团中取消了。

以上说明了观测得到的星团赫罗图的基本特性，并确切知道了为什么只有在主序的下面部分有恒星分布，而主序上面部分的恒星已向右拐到红巨星区域。我们相信由计算得到的模型反映出了恒星的真实过程。为了说明这点，还应提到另外的一个提示。

脉动星

现在再回到7个太阳质量的恒星的演化程。至今我们还没有进一步讨论在赫罗图中这颗星多次地穿过了图6-2中由两条平行虚线所夹的一条特殊有趣的带。所有的造父型变星都落在这条带内。

造父一是仙王星座中的亮星之一。1784年约翰·古德利克（John Goodricke）感觉到这颗星的亮度不是恒定不变的，后面我们还要再次提到这位英年早逝的英国聋哑人的一个重要发现。很快人们发现它是有节奏地变亮和变暗，其周期为5天（图6-4），极大时的亮度大约为极小时亮度的2.5倍。以后人们知道了很多这类星。它们的光变周期为1~40天，表面温度大约为5300度。根据它们的光度可以知道，它们不是主序星，而是已经演化了的星，即红超巨星。

7个太阳质量的恒星的演化程多次通过这个阶段。第一次是由左向右穿过造父变星带，大约需要几千年。第二次是由右向左穿过它，需要35万年，因为在这之前恒星内部的氦早已开始燃烧，在氦燃烧控制下运动得比较慢。如果一个恒星的演化程穿过造父变星带，它将会怎样呢？为什么在这个带内的恒星的光度会发生变化？这种变星的周期又由什么来决定？今天人们知道，不仅恒星的光度会变化，而

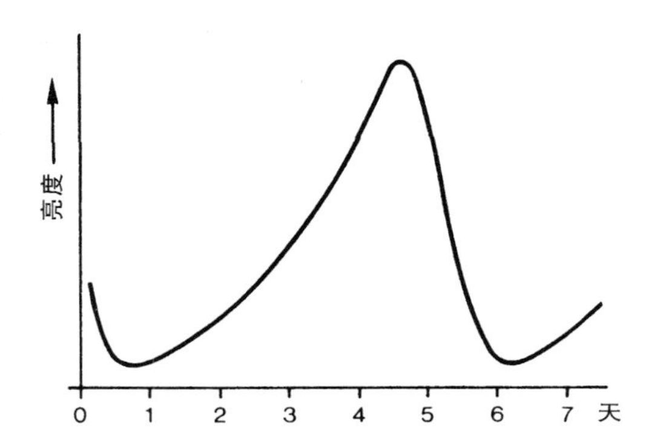

图6-4 造父一的光变曲线。它的亮度以5.4天为周期上升达到一极大值，然后又变暗

且恒星还会膨胀和收缩，其周期和光变周期相同，即恒星在脉动。为什么当恒星进入到赫罗图中某一确定的带内时，它就会脉动起来？

实际上这个问题在爱丁顿1926年出版的《恒星内部结构》一书中就已经有了答案。可是在1944年阿瑟·爱丁顿爵士去世时，他还不知道早在20年前他已接近于解决这个问题了。

1952年苏联数学家谢尔盖·热瓦金（Sergej Zhevakin）将这个问题和爱丁顿的工作联系起来，并又向前推进了一步。然而他的工作开始时并没有受到重视，直到1960—1961年由科罗拉多州博尔德的约翰·考克斯（John Cox）、纽约哥伦比亚大学的教授诺曼·贝克（Norman Baker）和我在慕尼黑通过仔细地计算，才证明爱丁顿-热瓦金理论可以很好地解释造父变星的脉动。虽然我们今天还远远没有达到详细了解这类变星的所有性质的地步，但是大体上已经知道它们为什么会脉动。我想借助一个简单的模型使它形象化，当然这只能解释一些本质的效应。

造父变星的箱式模型

恒星是通过它本身的引力而聚集在一起的。在一颗普通的恒星里，引力和气体压力正好处于平衡。我们常说的恒星的这种平衡性质可以用一个简单的模型来使它形象化。在图6-5的图（a）中有一个可移动的重活塞从上面将箱子密封起来，箱子内部有被活塞压缩并且逃不出去的气体。虽然重力企图将活塞向下拉，但它不能降到底部，它将停留在箱子的某一高处。因为如果活塞继续向下移动，气体就会被过度地压缩，气体压强将变得很大，迫使活塞又返回到静止位置。如果活塞静止了，那么作用在活塞上的重力和与它相反的气体压力正好处于平衡。这种状态和恒星内部每一点重力和气体压力的平衡状态相当。如果用强力将活塞由平衡位置往下压，然后松开，于是活塞开始振动。如果活塞的位置低于平衡位置，气体压力要大于活塞的重力，活塞将被向上推；如果活塞的位置高于平衡位置，则气体压强过小，重力将把活塞向下拉。这期间它不会简单地就停留在平衡位置上，因为当它处于运动时，它的惯性会使它超过平衡位置，从而使它在两个极端之间来回摆动。这就是说，运动活塞是围绕一个中间位置而振动。在这里气体起着弹簧的作用，气体被活塞压缩时所得到的能量又在膨胀时还给活塞，而活塞在再次压缩它时又将能量给予气体，因此没有能量损耗。假定在模型中摩擦很小，可以被忽略，于是活塞就可以任意长时间地做周期振动。这种振动是非阻尼的，就是说活塞偏离中心位置的极大值是不变的。振动的周期由模型的特性决定，例如由活塞的质量以及气体的平均温度决定。

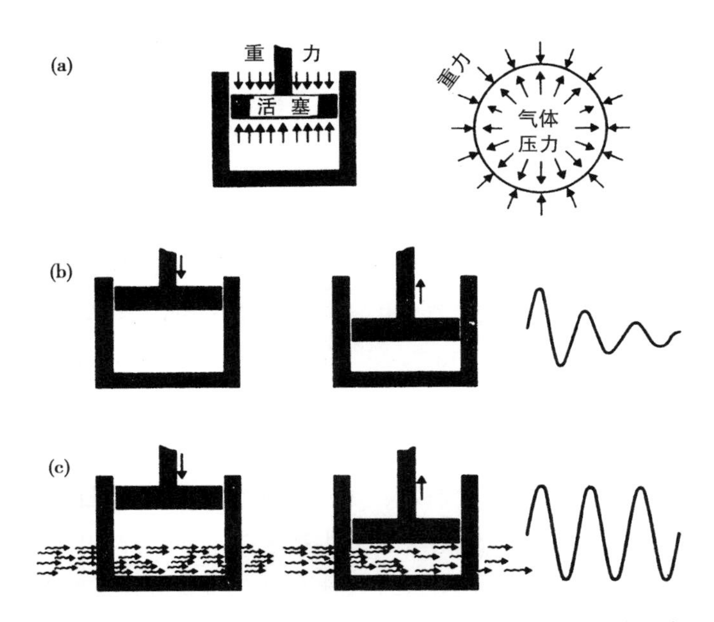

图6-5 造父变星的箱式模型。图（a）：在箱式模型里（左边）和恒星里（右边）一样，气体压力与重力处于平衡。图（b）：运动的活塞由于摩擦损耗，经过几个振动以后停止了。图（c）：辐射穿透箱式模型中的气体，压缩状态的气体比膨胀状态的气体能够吸收更多的辐射，于是活塞虽然有摩擦损失，但仍然能够维持振动

恒星的情况大致和这相似。如果能把恒星从各个方向均匀地压缩，然后又松开，那么增大的气体压强又会把物质从各个方向向外推出去，并且物质被推出时要超过平衡位置。但这又造成重力大于气体压力，重力又要把气体拉向恒星中心，恒星将会脉动起来。一旦它离开了平衡位置，它就会继续振动。恒星振动的周期也和箱式模型的振动周期相似，只要恒星的性质（如它的质量和内部的温度分布）已知时，就可以计算出来。

但是在这里我们无论对箱式模型或是对恒星都太简化了。活塞当

然有摩擦损耗。给它一次冲击以后，它的振动会一次比一次减小，振动是阻尼的。经过一段时间以后活塞就停止了[图6-5的图(b)]。对于恒星来说，摩擦不很大，但有其他对振动起阻尼作用的机制存在。人们可以估计出来，一颗人为振动的恒星，在大多数情况下经过5000～10000次振动，也就是经过大约100年以后就会停止下来。但是我们由观测可以知道，造父变星本身自1784年被发现以来，一直以不衰减的强度脉动。可是根据以上考虑，它的振动应该在相对较短的时间里降低下来。那么能够维持这颗恒星不断振动的原因何在？

爱丁顿在他的书中向人们展示了一种可能的机制。恒星的外层被来自中心的强度很大的辐射所穿过。为了能够用箱式模型来进行模拟，我们可以想象箱子是用对辐射透明的材料制成，辐射自左向右穿过箱子[图6-5的图(c)]。箱子内的气体假定和恒星气体一样对辐射不是完全透明的，它能吸收一部分辐射。

开始时使箱子变热，这样才能使箱内气体和外界的温度差增大，以维持每秒由箱子辐射出去的能量等于通过吸收从辐射中得到的能量。

将处于平衡位置的活塞向下推压一小段路程，则气体被压缩，它的压强和温度升高。原则上可以有以下两种可能性，即气体在最大压缩时吸收更多的能量，或者是吸收更少的能量。首先考虑第一种情况。如果在压缩时吸收变大了，那么当活塞在下面时就比在平衡位置时有更多的能量被吸收。由于这一附加的能量，就使得气体变热，压强增大。因为过压使得活塞强烈地向上移动，直到超过它的平衡位置。

这时气体比平衡位置时更稀薄，温度更低，因而有较少的能量被吸收，气体又变冷，压强降低，活塞又被迫向下移动。即使有摩擦存在时也是如此。

在箱式模型中所发生的，也可以在恒星中发生。如果在恒星的某一层里，当物质被压缩时它同样具有能多吸收一部分能量并将它转变为热能的特性，那么就能激发穿过恒星的辐射发生振动，因为当恒星被压缩时，由内部向外传递的辐射不能很好地穿过恒星的外层。这时气体变热并使恒星膨胀，即在压缩以后恒星会膨胀。当恒星膨胀到最大时，物质又过于透明，它能比正常情况透过更多的向外辐射，内部就变冷并使恒星收缩，即在膨胀之后又发生新的收缩。恒星物质对于向外的辐射所起的作用相当于一个阀门，这个阀门开和关的节奏和脉动节奏相同。

早在1926年爱丁顿在书中就已将这个机制阐明，但当时发生了一个悲剧。在爱丁顿时代，人们对于辐射是怎样穿过恒星的详细过程还了解得很少。当时人们的认识是恒星物质具有相反的性质，即它在压缩时变得更透明，这样就出现和上述相反的效应。吸收机制正好起相反的作用，它不会激发振动，而是阻止振动。这就是爱丁顿直到死前把他提出的机制放在一边，而不断去寻找造父变星产生脉动的新的解释的原因。

热瓦金对旧概念的新研究

直到20世纪50年代初，人们才比较彻底地研究了恒星物质的透明性质。人们知道了爱丁顿的概念在恒星较深的内部是正确的，但在恒星的外层内情况恰好相反，这里可能出现物质在压缩时变得相当不透明的情况。这种情况发生在恒星的表面温度大约正好为5300度时。1953年热瓦金在一篇很普通并且长时间没有被人注意的文章中指出，在一颗造父变星内，外层物质的透明性质正好能克服恒星中其余部分的阻尼作用而使恒星振动起来。因此是爱丁顿的辐射阀门机制使一颗造父变星克服了阻尼作用而维持振动的。

1963年，当我们这个慕尼黑小组看到7个太阳质量的恒星的演化程5次横过造父变星带时，就进一步想到要将过去诺曼·贝克和我本人1960年在慕尼黑所做过的计算重新再计算一下。这个计算可以检验一颗恒星是否会发生振动。我们发现，当恒星演化程每次穿过造父变星带时，恒星就会振动，并且振动周期和观测到的周期完全符合。由这个事实我们得知，造父变星以及它们的振动性质都很自然地可以纳入到恒星演化的模式中来，并且绝大部分都能很好地符合。当恒星在赫罗图中的演化程穿过造父变星带时就会振动，而当它的演化程离开造父变星带时，外层内引起振动的机制就不够充分，恒星就停止振动。

有一次马丁·史瓦西对此是这样讲的：一颗恒星成为造父变星，就像一个人得了麻疹一样，在得麻疹的这个时期可以清楚地看到麻点，但是以后当它完全消去时，就一点也不会感到这个人还曾经得过这种病。

第7章 演化后期的恒星

当7个太阳质量的恒星中心部分的氦全部耗尽以后将会发生什么呢？会立即出现一个接一个的能源危机吗？恒星的核心会自己升温到3亿度，并使碳燃烧起来吗？现在很难用计算机继续跟踪这颗恒星。当中心的氦全部耗尽以后，那里的密度和温度的确在增大，一切都是朝着使碳燃烧的方向发展的，但就在此时出现了困难。

中微子致冷，壳层源的闪跃

如果恒星中心的密度和温度都足够高的话，那么当一个光子和一个电子碰撞时，就有可能产生两个新的基本粒子（图7-1）。其中之一是我们已知的中微子，而另一个则是中微子的近亲，叫作反中微子，它的性质和中微子的性质十分相似，特别是它也能毫无阻挡地穿过恒星物质而到达外部。恒星不仅对于中微子，而且对于反中微子也是透明的。当中微子-反中微子成对诞生时，它们父母的能量，也就是电子和光子的能量就被消耗掉了。这个能量交给了新诞生的双生子。它们带着这个能量无阻挡地由恒星中心逃到宇宙中去。当恒星的中心区域收缩，企图使温度达到碳燃烧的温度时，却有越来越多的中微子-反中微子成对产生。它们把能量带走，使恒星内部冷却，从而阻止或者至少是延缓了碳的燃烧。最后当碳的聚变终于开始时，这个长期被延缓的反应是以爆发形式发生的，有可能使整个恒星破裂。不过为了准确地了解它，我们必须能够计算到这个阶段，然而我们却遇到了新的困难。

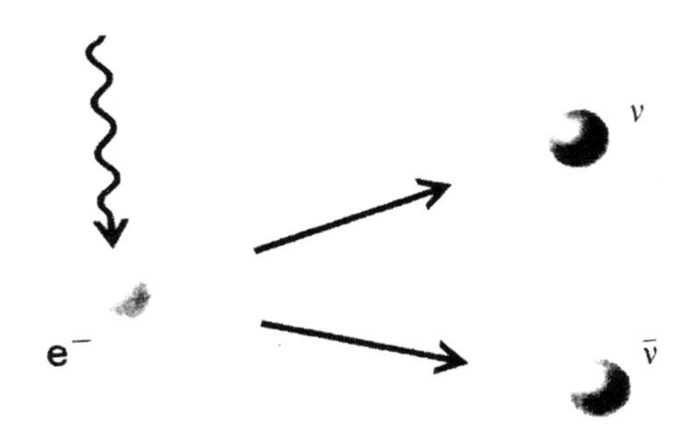

图7-1 当温度为1亿度，一个电子（球）和一个光子（波纹箭头）相遇时，将产生一个中微子和一个反中微子

在恒星后期的演化阶段中，当能量是由一个壳层中的氢燃烧和另一个壳层中的氦燃烧所提供时，这时核反应不再以均匀的速度进行。产能率突然增大，经过几百年以后又下降。恒星的光度有时完全由氢燃烧的壳层提供，然后又完全由氦燃烧的壳层提供。在个别壳层源内会有对流区域出现，使恒星部分物质混合，然后又消失掉。如果想用计算机跟踪这些过程，则需要跟踪两个壳层源的突然发亮和逐渐平息的细节。为了做到这一点，在仅仅相当于一颗恒星生命中的100年的时间里，也许就需要计算100个恒星模型。因此谁要想跟踪恒星演化几百万年的话，那么他所遇到的是实际上无法解决的难题。至今所有从事恒星演化研究工作的小组对此都已宣告失败。

即使这个难题解决了，还会有其他的困难出现。核燃烧将越来越复杂。如果两个碳原子相互碰撞并发生反应，那么这个反应的产物绝不是很确定的。反应的产物有可能是镁、氧、氖或钠，它们以一定的概率比例而生成，所以恒星的化学组成将越来越复杂。此外，各种重元素发生聚变反应的温度也几乎相同，这样就会在恒星内同一地点发生多种不同的核燃烧。所有恒星模型构造者只好暂时停下来，用电子计算机模拟恒星演化史的艺术至此结束。我们尚不清楚今后会怎样，我们只能对今后会发生什么进行猜测。

红巨星中的白矮星

当计算机不能再告诉我们一颗恒星以后的命运时，我们还可以通过直接观测的办法来获得关于恒星下一步演化情况的信息。

当7个太阳质量的恒星模型处于主序后向晚期演化时，中心区域将不断收缩。那里的密度首先在氢耗尽以后，随后又在氦耗尽以后急剧地增大。当恒星还在原始主序时，中心的密度比水的密度的1/10还小，然而在氦耗尽以后，中心的密度已增大到每立方厘米10吨。我们知道，只有白矮星的密度才有这么大。

实际上，在这颗已处于后期演化阶段的恒星的内部埋藏着一个密度很高的核。核的总质量略大于1个太阳质量，它的半径与一颗质量相同的白矮星的半径相同。它所有的性质都和一颗白矮星的性质相似。但不同的是它的外部被一个很大的气体外壳所包围，外壳的质量大约为6个太阳质量。一切红巨星以及中心氦已经耗尽并且比红巨星更亮的红超巨星都是这种情况。它们都像7个太阳质量的恒星一样有一个很致密的核。在一颗红巨星的核心部位总是埋藏着一颗白矮星！如果把包围在密度很高的核外部的外壳去掉，那么余留下来的将和自然界中出现的白矮星没有区别。一颗后期演化的恒星能不能把它的外壳推出去而变成一颗白矮星，即变成像天狼星的伴星一样的星？

在继续讨论这个问题之前，我们先说说类太阳恒星。对于类太阳恒星模型的计算可以进行多远？

太阳更遥远的将来

前面曾经讲过，用计算机模拟类太阳恒星的演化时，氦燃烧的迅猛出现会引起特殊的困难。但史瓦西和他的同事里查德·黑尔姆（Richard Hörm）利用亨耶方法在1962年跟踪了“氦闪跃”。氦闪跃就是氦的迅猛燃烧。恒星内发生了什么？下面介绍一下汉斯-克里斯托夫·托马斯（Hans-christoph Thomeas）1967年在慕尼黑获得博士学位所进行的计算。

回忆一下，我们的类太阳恒星位于赫罗图的右上方（图5-4），它中心的氢早已耗尽，在中心区域内出现了一个氦球。氦球表面处有一个壳层，那里有氢燃烧，壳层不断吞食外部含氢丰富的区域，壳层外部的外壳延伸得很远。恒星这时已变成了红巨星［图5-2的图（d）］。

由于氦核表面的氢变为氦，使得氦核不断地吞入质量，它使中心的密度和温度上升，于是光子和电子很快产生中微子对，并使得内部的一部分能量被中微子直接带走。由于中微子的作用，使中心区域变冷。恒星的中心点在一般情况下应该是最热的，但现在由于中微子的致冷作用，使得恒星中心点的温度低于氦球内其他区域的温度。而氦很快就在温度最高的区域内开始燃烧。由于氦的聚变是在高密度情况下进行的，它会燃烧得非常迅猛，这就是氦闪跃。不过即使是氦燃烧进行得非常迅猛，人们也不应该相信在太阳（假定有朝一日太阳变到这一步）的外部会有明显的感觉。由于太阳的惯性可以使内部产能率短时间地增大，因而在外部仅有很小的影响。氦燃烧在200年时间里进行得很剧烈，然后它又逐渐回复为平稳的燃烧。

在这以后就再次出现了所有后期演化恒星的老年毛病。壳层源以闪跃方式燃烧，并迫使计算机去考察在100年内所发生的各种过程。在这种情况下要通过计算途径去研究几百万年，甚至更长时间的恒星演化就成为不可能。但是要想知道恒星下一步的演化就必须要很长时间。

我们的技巧只能到此为止。余下的是，或许通过观测能够找到已经越过这个演化阶段的恒星，从而获得有关恒星下一步演化情况的信息。为此，图2-9所示的球状星团赫罗图对我们很有帮助。我们可以回忆一下，在这里能够观测到的恒星都是处于由主序向红巨星演化途中的恒星，在它们的内部氦还没有开始燃烧。计算告诉我们，当氦燃烧开始时，恒星的位置处于图中的右上方。由此可以得到这样的结论：图中在水平分支上的恒星，它们内部的氦必定已经开始燃烧了，可是描述氦闪跃以后的计算模型丝毫也没有向左转到水平分支的趋势，它们仍然停留在右边红巨星区域内。那么水平分支上的恒星是怎么来的呢？

现在在加利福尼亚工作的霍伊尔的学生约翰·福尔克纳（Hohn Falalkner）首先提出了解决这个问题的想法。人们可以用有氦燃烧的类太阳恒星的计算模型进行一个小实验。如果从它的表面人为地去掉一部分质量，再让计算机去计算这个被部分切除的恒星模型的内部结构，就会得到这个恒星模型不再位于赫罗图的右上方，而是靠近水平分支；而且并不需要将氦核外面的全部含氢丰富的外壳都去掉，只需部分切除就够了。通过这个计算实验我们是否已找到了真正的踪迹？也许在红巨星阶段的类太阳恒星一旦从表面损失一部分物质，即丢失一部分外壳以后，它就会移到人们在球状星团赫罗图中已观测到的水平分支上？在水平分支上的恒星似乎内部已开始了氦燃烧。下面我们看一下图7-2。或许那就是太阳遥远的将来：在红巨星阶段它损失了很多物质，将外壳的相当部分抛到宇宙中去了，然后它就能长时间地停留在水平分支上？情况好像就是这样的。太阳迟早会把几乎全部的质量集中到它的白矮核内，并且最终在某一演化阶段将外壳抛出去，然后变成一颗白矮星。

计算得到的恒星后期演化模型使我们认识到恒星会损失物质。根据这个认识我们再进行观测，则发现有一系列迹象可以说明，不仅是后期演化恒星，而且像太阳这样很平稳的主序星也存在物质损失。

彼得·阿皮阿努斯、路德维希·比尔曼和彗星

彼得·阿皮阿努斯（Peter Apianus），萨克森人，16世纪在因戈

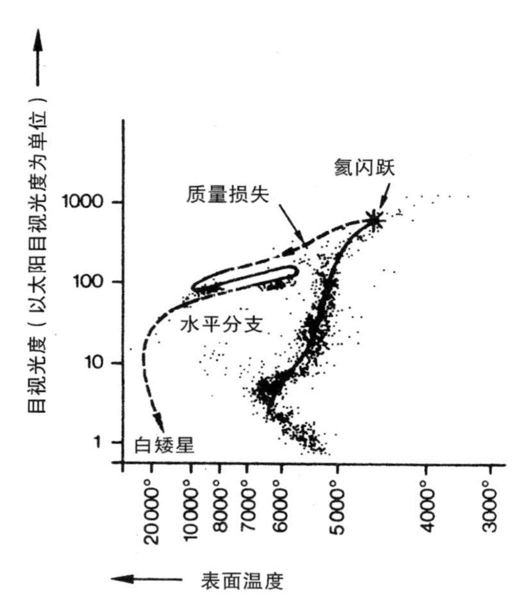

图7-2 一颗类太阳恒星在赫罗图中的演化程的示意图。主序阶段以后恒星变为红巨星，如图5-4所示。在那里它开始了氦燃烧（氦闪跃）。这种红巨星会把表面很多物质抛出去，使得它损失绝大部分外壳并在图中达到了水平分支。以后它可能成为一颗白矮星。为了进行比较，图中还将图2-9所示的球状星团M3中的恒星也标了出来

施塔特教天文，原名叫彼得·比内维茨（Peter Bienewitz）。路德维希·比尔曼住在慕尼黑，在马克斯-普朗克学会中担任我的前任职务。这里要讲述关于彗星的一个奇妙的性质，并且会引出有关太阳物质损失的问题。

彗星是比地球质量的10^{-6}还要小的物体。它们在拉伸得很长的椭圆轨道上绕太阳运动。它们之中最有名的是哈雷彗星，大约要75年才沿轨道转一周。它将于1986年再次回到太阳的附近。当彗星来到太阳附近时，气体物质被蒸发。在通常情况下彗星内的物质被冻结成

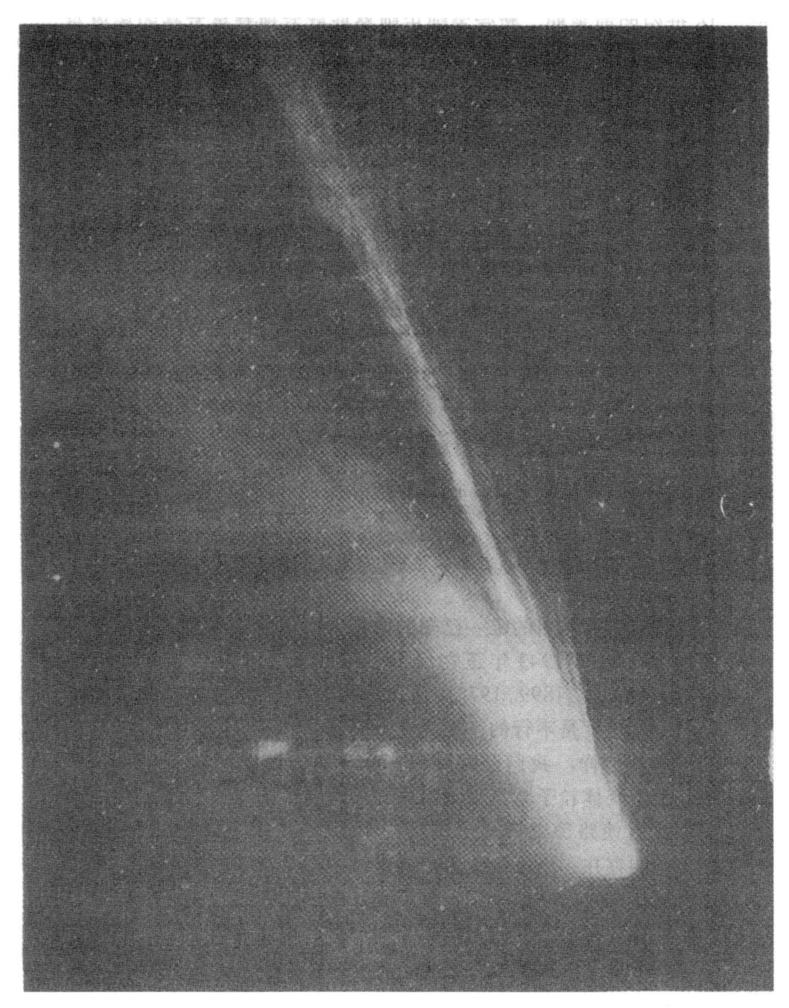

图7-3　1957年的墨科斯（Mrkos）彗星拖着一条直的、背离太阳的方向的气体尾巴和一条向左弯曲的发散的尘埃尾巴

冰或雪，而且在雪中还混合有一些尘埃粒子。气体和尘埃不是各个方向都均匀地离开彗星，它们会形成一条有方向的尾巴。这条尾巴给彗

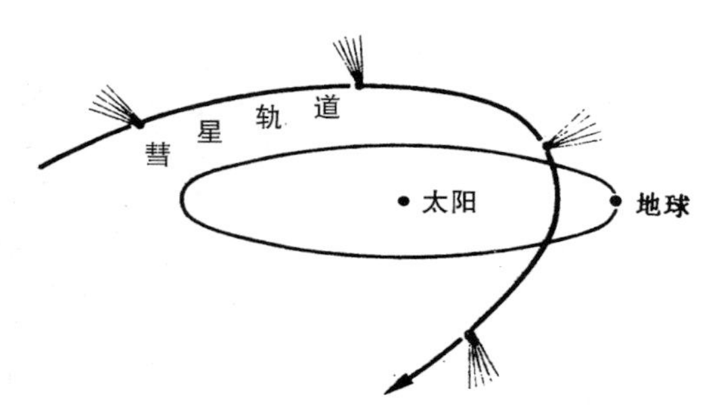

图7-4 当彗星在轨道上运动时，它的气体尾巴总是指向背离太阳的方向

星以奇妙的外观。严格地说，彗星有两条尾巴。一条是尘埃尾巴，尘埃粒子沿这条尾巴飞走；另一条是气体尾巴。由于受太阳辐射压的作用使尘埃粒子沿一条背离太阳方向的并且常常有点弯曲的轨道运动。我们对彗星的尘埃尾巴不很感兴趣，但气体分子对我们却是一个谜。它们沿着一条直线尾巴以很高的速度离开彗星，有时可以达到每秒100千米。

彗星的奇特现象（请不要将其与迅速飞过天空的流星相混淆）总是使人激动和不安（图7-3），在中世纪它们被看作是战争、饥荒和瘟疫的预兆。但是它们也不断地激发起科学家的思想。还在16世纪的前半期，数学家阿皮阿努斯就发现彗星发亮的尾巴总是指向离开太阳的方向。彗星在空中的运动从来不会把它的尾巴也拖在彗星运动的轨道上。它的运动总是要使气体尾巴指向背离太阳的方向（图7-4），当它远离太阳的时候，它的气体尾巴会向它运动的前方移动。由于存在背离太阳方向的尾巴以及离开彗星的气体能以很高的速度朝着远离太阳的方向飞去的事实，使得19世纪的人们产生了一种想法，认为必定存在一种和重力相反的力，是它把物质推向背离太阳的方向。

具有这种作用的唯一已知的力是太阳辐射压对彗尾中粒子的作用力。然而1943年正在汉堡工作的天文学家卡尔·武尔姆（Karl Wurm，1899—1975）指出，用辐射压来解释彗星气体尾巴的巨大速度是不行的，因为它太弱了。

不管怎样，我们已观测到这样飞快的速度，并需要给以解释。由于气体粒子总是朝远离太阳的方向飞去，原因必定来自太阳。这就使路德维希·比尔曼在1950年产生了这样一个想法，即很可能存在一个来源于太阳并穿过我们太阳系的粒子流，它能把由彗核蒸发出来的分子一起带走。过去人们已经知道，太阳上偶然的爆发可以将气体云抛到空间中去，例如北极光就是由于这个原因形成的。比尔曼当时断言，在太阳上存在一个与爆发无关的、由带电粒子组成的永恒的风。这些主要由质子组成的带电粒子将彗核释放出的气体中的带电部分一起带走，而不带电的分子则留在彗核内。比尔曼用来解释彗星尾巴的方向而预言的太阳风后来已被人造卫星所证实，并且人们利用宇宙探测器测定了它的强度和方向。这样，由阿皮阿努斯的发现而提出的关于彗星的尾巴为什么总是指向远离太阳方向的问题就得到了回答。

太阳不断地损失物质，这是不是说我们假定恒星保持初始质量不变、所进行的所有演化计算都错了？也许还能由此找到至今还没有解决的太阳中微子佯谬的一个解释？

今天人们知道，太阳每年要将10万亿吨的物质作为太阳风吹到宇宙中去。虽然这个数字很大，但在太阳演化的几十亿年中，这只减少了它的质量中不值得一提的一小部分。即使有气体从太阳中流出去，并且流出的气体能够使彗星的尾巴像飘扬在风中的旗帜一样有确定的方向，但是对于处在主序阶段的太阳来说，它的质量好像没有变化。

演化后期的恒星丢失物质

太阳在主序阶段只损失了很少的物质，而演化后期的恒星会损失更多的物质。很多红巨星的表面都有气体流到宇宙中去。对于它的机制我们至今还不很清楚，即便是太阳风的严格理论至今也还没有。不过我们可以测量流出物质的速度，并估算恒星的物质损失，这样可以知道有些恒星的物质损失率比太阳大1000万倍。在很多情况下恒星的物质损失十分严重，致使恒星在1亿年时间能够将总质量的相当部分都推到宇宙中去。

不仅红巨星会损失物质，而且刚刚才离开主序的大质量热星也有气体流到宇宙中去。这些恒星的星风速率特别大，物质往往能以每秒2000～3000千米的速度飞出去。

有些恒星在演化过程中有很大的物质损失，但并不意味着我们关于恒星演化的概念都必须修正。对于演化到后期的大质量星来说，1亿年仍然是一个很长的时间，它比氦在中心区域开始燃烧到燃烧完毕所需的时间要长得多。对于类太阳恒星，只有当它已经变成红巨星时，才会有一些物质损失。而正是这个物质损失使我们能解释球状星团的水平分支。

在继续讨论之前，先介绍一颗演化后期恒星的物质损失例子。这就是鲸鱼星座中的刍藁增二。1596年东弗里西亚群岛的牧师戴维·法布里修斯（David Fabricius）发现这颗星只是偶然间可以用肉眼看到，然后又长时间看不见。今天我们知道，刍藁增二的亮度是以11个月为周期进行变化，极小时的亮度比极大时弱600倍。此外，刍藁增二是一颗红巨星，所以是一颗演化后期的恒星。很多红巨星都有这样的亮度起伏，其原因还不清楚，但它的机制肯定不同于我们说过的造父变星的机制。这里我们不再深入研究这颗演化后期的恒星的光变性质，而是研究一下它的伴星。当刍藁增二处于极小亮度时，可以看到它有一颗白矮星作为伴星。在通常情况下红巨星的亮度远远大于伴星的亮度。我们回忆一下，天狼星也有一颗白矮星围绕着它运动。不过刍藁增二的伴星沿轨道绕它转一周需要261年。

南非天文学家布赖恩·沃纳（Brian Warner）观测到这颗白矮星的光会不稳定地跳动。我们知道白矮星一般是不活跃的，因而是从来不会变化的星。那么刍藁增二的伴星为什么会不安宁呢？沃纳认为，当刍藁增二和大多数红巨星一样向周围空间吹出物质时，它的伴星就在它的星风中运动。伴星的引力可以将一部分流出的气体吸引到它的表面上来。由于伴星的引力很大，气体将以很高的速度撞击表面，并在和表面碰撞时释放出热量。伴星发光的能源的主要部分来自灼热气体撞击表面时释放出的能量。由于到达伴星表面的气体流的不规则性，使我们观测到的辐射能量出现跳动现象。布赖恩·沃纳并不要求刍藁增二有十分巨大的物质损失速率，就可以解释白矮星的发光以及它的跳动。同样，在这里似乎物质损失对于刍藁增二的演化也无多大影响。

利用已观测到的恒星的物质损失速率虽然可以解释类太阳恒星

可以怎样到达赫罗图中的水平分支，但要利用它解释一颗大质量恒星能否在演化过程中将很多物质丢掉而只留下内部的白矮星的问题却是不够的。这正是我们要研究的问题。所幸的是，还有一种现象可以使我们进一步相信恒星能够在很短时间里丢失相当多的物质。

白矮星露面

如果知道准确位置的话，只需用一架小型望远镜就可以在天琴星座中看到一个小的发亮的环，即天琴座的环状星云。今天人们已经知道大约有700个这样的天体。由于在望远镜中它们有时候几乎像发亮的小圆盘，如同行星的圆盘，所以人们称它们为行星状星云（图7-5，见前面的彩图），但它们和我们太阳系中的行星毫无关系。它们和恒星一样距离我们很远，并且是围绕在一颗高温恒星周围发亮的气体。气体物质分布在一个空心球上，而在它的内部靠近中心的地方有一颗热星，由于受中央恒星的照射使得气体发亮。人们可以看到气体外壳在向外膨胀，速度大约为每秒50千米。在这里显然是恒星将气体由它的表面向外吹出去了。外壳上的发亮的云状物质为太阳质量的10%～20%，可以和一颗恒星的质量相比。

我们不知道是什么原因使得恒星会把物质推出去，是什么机制造成这个物质损失。我们只是看到实际发生了这种现象，我们还看到了更多的现象。如果仔细观测中央恒星，就会发现它的性质能使人联想到白矮星，即表面温度很高，而恒星本身很小。我们在这里似乎找到了一个证明，证明一颗红巨星刚刚把它的外壳推出去，而露出了它内部的白矮星。有很大的可能是，恒星早已开始把它的物质吹出去，只是现在才露出了表面温度很高的白矮星，它激发了它附近的气体物质，使其发亮。因此，我们在行星状星云中很可能目睹了一颗白矮星的诞生。

恒星并不是只会采取这种相对平稳的方式将它们含氢丰富的外层脱掉，也存在恒星以爆炸的方式将外壳去掉的情况。

仙女座星云中的哈特维希星

有时天文中的某些进展是可以准确地给出它们的日期和时间的。这种情况只能发生在当它们只依赖于一次天文观测时。在某种程度上说，它们就是恒星研究中的“恒星时”。1885年8月31日的夜晚就是这样的时刻。在爱沙尼亚的塔尔图天文台有位来自法兰克福的34岁的观测者恩斯特·哈特维希（Ernst Hartwig），他把望远镜对准了仙女座星云。仙女座星云是一个旋涡星云（图0-1），但是，当时的哈特维希和全世界的天文同行对这类天体的实质却不了解。人们是在1939年后才知道这一点。当哈特维希在望远镜中瞄准该星云时，他发现有一颗星亮到几乎可以用肉眼看到，它的位置又是在星云最亮的地方，也就是在靠近仙女座星云的核心地方，而在这个地方以前是没有这颗星的。

恒星有时发亮，然后又暗下去，这在当时已经不是什么新鲜事情了。这个现象我们将在以后讨论。这里引起人们注意的是，它好像是属于仙女座星云里面的一颗星。1920年曾轰动一时的，也就是今天被叫作旋涡星云或星系的，实际上是由几千亿颗恒星所组成。这些恒星距离我们非常远，使得它们的光几乎在所有望远镜中呈现为云雾状的光幕。只能在最大的望远镜中才可以将仙女座星系分解为单颗的恒星。这已在绪论中讲过，仙女座星系距离我们这么远，使得光线从它到我们这儿要走200万年。所以哈特维希在1885年8月31日所看到的已是200万年以前所发生的。虽然这颗星距离我们很远，但它还能亮到几乎用肉眼就可以看见，说明它在发亮以后所辐射出的光比太阳亮100亿倍。因此，哈特维希看到的是一次从来没有过的亮度大爆发，它比人们偶然观测到的并称为新星现象的发亮要强得多。今天人们把哈特维希在仙女座星云中所发现的叫作超新星。

哈特维希不久就离开了塔尔图天文台，并接受了一个新任务。在班贝格有一位富裕的公民卡尔·雷迈斯（Karl Remeis）去世，他将一笔相当大的财富40万金币捐赠给城市，条件是要建造和维持一个天文台。哈特维希接受了这个计划，并领导了这个研究所直到20世纪20年代。

1954年沃尔夫冈·施特罗迈尔（Wolfgang Strohmeier）接替了班贝格天文台的领导。我是他的助教。当时我们曾查阅研究所过去的来往信件，其中有两封是在第一次世界大战期间寄给哈特维希的信。一封是来自一位过去就和哈特维希有通信往来的年轻的士兵汉斯·金勒（Hans Kienle，1895—1975）。这是一封灰心失望的信，因为这位年轻人唯一的希望是能成为天文学家，然而他在一次爆炸后几乎失明，躺在医院里担心他会瞎掉。他后来领导了哥廷根天文台，并且成为许多著名天文学家的老师，路德维希·皮尔曼，奥托·黑克曼（Otto Heckmann），马丁·史瓦西和海因里希·西登托普夫（Heinrich

Siedentopf）是其中的几个。第二封信是来自图林根的松纳贝格的一位年轻人。他也是想成为一位天文学家，可是他的父亲让他离开中学去读一个商业学校，以便承接父亲的工厂。但是战争使这个工厂倒闭了，年轻人感到自由了，并向哈特维希请求工作。只要允许他到天文台工作，他甚至准备一段时期不要薪金。哈特维希收下了他并给他资助。这位业余天文爱好者后来补上了中学和大学的课程。他就是库诺·霍夫迈斯特（Cuno Hoffmeister，1892—1967），后来是松纳贝格天文台的建造者。正是根据他在1942年对一颗彗星的观测，皮尔曼才发现了太阳风。在库诺·霍夫迈斯特所发现的数千颗变星中，有两颗曾经轰动一时。一颗是蝎虎座BL，这是一类距离很远并且是在星系中的天体，然而当时人们完全不知道这一点；另外一颗我们以后还要讲到，它已成为X射线天文学中最美丽的天体之一。不过库诺·霍夫迈斯特已不知道这一点。

再回到哈特维希的超新星。如果在仙女座星系中有一颗超新星发亮，那么必然可以期待在我们本身的银河系中也一定会有的。在银河系中曾经有过一颗超新星吗？历史上曾经有过这样的现象吗？要将超新星现象和以后我们还要说到的一般相对平稳的新星现象区分开来是非常困难的。因为如果有一颗新星在距离我们很近的地方发亮，那么它在天空中可以比一颗距离我们很远的超新星要亮得多。今天我们知道，在银河系内新近至少有两颗超新星出现过。1572年著名的第谷·德·布拉赫（Tychode Brahe），他在仙后星座中观测到一颗亮星。约翰内斯·开普勒（Johannes Kepler）在1604年记叙了在蛇夫星座中出现了一颗很亮的星，经过一定时间后它又消失了。这两颗星都是超新星，和哈特维希在仙女座星系中发现的大致相似。今天我们知道，在超新星现象中恒星以爆炸方式发亮，并且将大部分物质抛到空间去。在银河系中可以找到许多地方，那里的气体物质以很高的速度飞开。我们推测，在这些地方很久以前发生过超新星爆发，现在还能看到爆炸云的遗迹。它们之中最有名的是在金牛星座中。

蟹状星云和中国-日本的超新星

在金牛星座中有一个小的星云，它和仙女座星云不同，是由弥漫的气体物质组成，而不是由单颗恒星组成，人们称它为蟹状星云（图7-6，见前面彩图）。气体物质以很快的速度飞散开，有些部分互相离开的速度达到每秒几千千米。由于知道了星云的大小和气体物质互相离开的速度，于是可以反算出爆炸发生的时间，这样算出的结果是发生在公元1000年左右。在公元1000年人们是否在金牛座这个地方看到了什么？确实，中国和日本的记载都描述了1054年在现今蟹状星云所在的地方有一颗很亮的星发光。这颗星非常亮，以致有两个星期之久可以在白天看到它。这个现象就是一颗超新星爆发。有关这个现象在欧洲似乎没有记载。每当我得到一本历史书时，我都要看看在1054年发生过什么事情，这样我知道了在这一年中的许多事情。例如在这一年中有什么人去世，而这些人我过去从不知道。但是有关使人激动的天体现象却一点也找不到。很难使人理解，一个给人如此深刻印象的事件却没有在任何一本编年史中被记载。也许是当时的人们对天空的变化不感兴趣，或者是欧洲一连14天都是坏天气[1]。

---

1. 在本书德文版出版以后，有人告诉我君士坦丁堡城的一位同时代的医生伊印·布特朗（Tbn Butlan）把这个城市在1054年发生的一次大约使1500居民丧生的瘟疫归罪于当时蟹状星云超新星爆发附近天空中的一个事件。所以在欧洲，人们还是看到了它。

在超新星现象中好像是整个恒星爆炸并将它的物质，至少是大部分物质抛到空间去了。这颗恒星是否就消失了，还是能留下点什么？1968年人们找到了这个问题的答案。我们将在下一章中叙述，但在这之前我们先简短地研究一下被吹到或被抛到空间去的物质。

物质脱离恒星后的命运

我们银河系内的空间并不是空的。在恒星之间有气体物质和尘埃物质存在。在第12章我们将会看到，新的恒星会由它们形成。有一部分气体可能是一开始就存在于宇宙里，当由它们形成恒星以后，恒星又将物质送还到宇宙去。星际介质和由恒星飞出的气体混合起来。在演化后期的恒星的星风中，通过凝聚可形成尘埃颗粒，例如北冕座R星就发射出黑云，该黑云使它的光变暗。在空间的气体原子会聚集到尘埃的颗粒上，形成一层坚固的外壳。这样使尘埃颗粒不断地长大，直到它们又被破坏为止。被破坏的原因部分是由于它们在一颗热星的附近而被蒸发，部分是由于它们被宇宙线中的高能粒子所击中，或者是由于它们互相之间的碰撞。由于有恒星物质的飞入，因此星际物质的化学成分不断变化。恒星内形成的重元素不断注入到星际物质中，因此星际物质的化学组成基本是由恒星决定。而在星际物质中又会产生新的恒星。

正如我们将在第11章看到的那样，当超新星爆炸时，星际物质中的重元素会剧烈增多，因为这时有特别多的演化物质被射到空间中去。超新星爆炸时粒子以巨大的速度飞出去，使得它们很快就充满银河系的空间。这些就是在宇宙中和在地球表面都可以找到的宇宙线粒子。

直到1968年我们才知道，在一次超新星爆炸中除了空中散开的发亮气体云和宇宙线以外，还有另一种天体被遗留下来。

第 8 章
脉冲星不是脉动天体

1968年2月，英国《自然》杂志发表了一条激动人心的消息，以至于全世界的报纸都来报道，说是安东尼 · 休伊什（Antony Hewish）在剑桥领导的一个研究组宣布他们收到了来自宇宙空间的无线电信号。

剑桥启用新型射电望远镜

第二次世界大战结束后，射电天文学蓬勃发展。宇宙气体，特别是恒星之间的星际物质，能在射电波段发出和吸收辐射。宇宙射电辐射能像光线那样穿透地球大气层，能为人们在地球表面接收宇宙信息开辟光线以外的新渠道。它为探查我们这个星系中星际物质的情况提供了线索，同时我们还能够接收并研究来自别的星系中气体物质的射电辐射。这种辐射特别强的星系被称为射电星系。

这种射电辐射受到由太阳经行星际空间外流的物质，也就是前一章讲到的太阳风的影响，会产生一种随时间起伏的现象，这有点像地球大气层中的气体使星光闪烁跳动那样。

为了研究由行星际物质引起的这种起伏现象，20世纪60年代在剑桥开始建造一台新型的射电望远镜，在面积2公顷、可容纳57个网球场的土地上建起了2000多面天线。由于要用这个天线阵研究太阳风引起的射电强度的起伏，因此要求接收装置能够识别射电强度的快速变化。当时的射电望远镜都达不到此要求，故专门设计了这架能识别快速变化的脉冲信号的射电望远镜。因为这座庞大的天线装置不能移动，因此只能利用各个天区随周日运动依次进入天线视场的现象进行逐条扫描，来观测记录天体的辐射。1967年7月这台设备正式投入使用，开始观测。它的接收波长约为3.7米，射电强度的记录昼夜不停，每星期观测7个天区的记录纸带长达210米，寻找的是本来均匀发射但由于透过太阳风而"闪烁"的射电源。用望远镜观测且担任繁重记录处理任务的是博士研究生乔斯琳·贝尔（Jocelyn Bell），她所巡查的是随地球自转而扫过该射电望远镜视场的天体射电强度的快速起伏。

乔斯琳·贝尔的回忆

9年后，乔斯琳·贝尔已是伯内尔（Burnell）夫人，在一次饭后谈话中她回想起当年在剑桥跟休伊什攻读博士学位的情景。她必须仔细查看从自动记录装置送出来的没完没了的纸带并写出汇报。根据前30米纸带，她就能将受太阳风影响而闪烁的射电源和来自地球的无线电干扰区分开来。"巡查开始后6或8个星期，我就发现有时候记录曲线上会出现某种异象，它既不像一个闪烁射电源，也不像人为的无线电干扰。我还想起来，在同一天区的观测记录上，以前就见过一次这种异象。"贝尔小姐本来打算探究下去，但是由于别的工作而搁了下来。到1967年近10月底，她才有机会再度寻找这种现象，并且试图用更高的时间分辨率把它记录下来，结果却是踪影全无。直到11月底，她才把它又找了回来。

“记录纸带在笔尖下徐徐移过，我看得出这种信号是由一系列脉冲所组成；我又觉得这些脉冲好像是等时间间隔的，当我从观测仪器中把纸带一取出来，这种猜测马上就得到证实了。相邻脉冲的时间间隔是$1\frac{1}{3}$秒（图8–1）。我马上告诉了在剑桥的安东尼·休伊什，他当时认为这种脉冲只能是人为的现象。这在当时的具体条件下还有相当道理。不过我不知怎的总有点不明白，何以见得这不是来自某一星体呢？由于这件事毕竟吸引住了他，第二天，正当该射电源通过望远镜视场的时候，他来到现场并幸运地目睹了那些脉冲。”既然每当同一天区通过望远镜视场这种信号就会重现，那么这种信号显然不是来自地球。另一方面，脉冲看起来又那样像是人为信号，莫非这是另一个文明世界的人们所发？可是，如果说信号来自围绕另一恒星运转的行星，却又不对[1]。“将近圣诞节，为了和安东尼·休伊什谈谈，我闯入了正在讨论如何公布这件奇事的高级会议会场。我们不敢相信收到的是来自另一文明世界的信号，但这种猜测倒是有过，我们也还没有证明那确是自然界产生的射电辐射。如果有人确信已经在宇宙某处发现了地外生命，那么发现者就面临一个很有意思的问题，就是如何做到认真负责地去公布发现结果：首先应该告诉谁？这天下午我们并没有解决这个问题；我十分困惑地回了家。我本来应当写我的博士论文，可

---

1. 因为如果那样，随着射电源离我们时近时远，辐射传到我们的时刻时早时晚，相邻脉冲的间隔就应该以行星公转一周的时间为周期而富有节奏地变短变长。另一场合的类似现象可见图10–5。

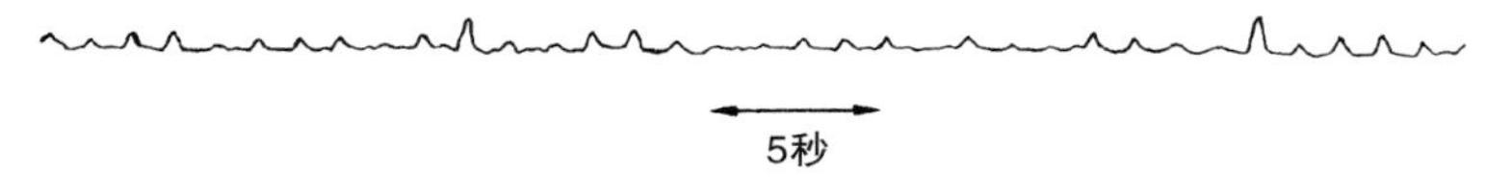

图8-1 第一个发现的脉冲星的信号记录。虽然脉冲的形态各不相同，但相邻脉冲的时间间距非常精确地相等

不知从哪里冒出来这些个稀奇小绿人，偏偏挑中了我的天线连同我的观测频率，愣要和我们联络通信。进了晚餐提了神，我回到实验室又去分析观测纸带。在实验室将要关门前，我查看了一处截然不同天区的观测记录。在受到强射电源仙后A影响的一个所在天区我又找到了这种异象。我立即去翻寻这一所在天区以前的记录，果然也有收获。这时实验室马上就要关门，我只好走，但我想到这个天区一清早就要通过望远镜视场，于是几小时后我又奔赴天文台。当时天气严寒，望远镜连同接收机系统内有什么部件冻坏得相当厉害。当然，情况向来如此！可是我照样启动开关，又诅咒又呵气，仪器居然正常运转了足有5分钟。就在这关键的5分钟内，异象又以一串脉冲的形式出现，不过这一回的相邻间隔是1.2秒。我把观测记录放在安东尼的桌上，离开天文台过圣诞假期去了。可又来了更惊人的好运！居然会有两类小绿人选用同样的难以期望的频率同时和地球这一个行星通信联系，这种可能性实在太小了。”

过了不久，乔斯琳·贝尔又发现了两颗脉冲星。1968年1月底，宣布发现第一颗脉冲星的第一篇文章被递交到了学术刊物《自然》。乔斯琳·贝尔（也就是现在的伯内尔夫人）回忆起来：“在文章刊登前几天，安东尼·休伊什在剑桥召开了学术报告会宣布发现结果。看来所有在剑桥的天文界人士全都来了，他们兴趣之大和心情之激动使我开始对我们所开创的这场革命深有所感。霍伊尔教授出席了会议，我还记得他的结束评语。开头时他说这是第一次听到发现了这种星体，所以还想得不多，但是他猜测那该是超新星爆发后的残余星体，而不是白矮星。"

由于《自然》周刊的这篇文章中提到剑桥的天文学家在某一时期也曾考虑过接收到另一文明世界所发信号的可能性，新闻界的报道就抓得特别紧。"当他们发现其中还涉及一位女士，抓得越发紧了。他们让我站着装出查看观测记录纸带的样子，坐着凝视一份虚假记录带，以种种姿态照相。一位记者叫我挥舞双臂，边跑边喊：'瞧，朋友们，我发现啦！'（阿基米德当时就想不到自己忘了做什么！）他们还要我回答一些重要问题，例如问我是比玛格丽特公主高些还是矮些。"

脉冲星是微小天体

最使天文学家惊奇的是脉冲星的辐射变化之迅速。超短周期变星的光变周期有的不足1小时，甚至更短。在第9章中还要讲到1934年在武仙座出现的新星兼双星中的一颗白矮星，它的亮度以70秒为周期有规律地变强变弱。这个快变记录保持了一段时期，后来被脉冲星大幅度地打破。随后几个月的研究表明，探索脉冲星所用的时间分辨率越高，测得脉冲的精细结构也就显得越清楚，万分之几秒内的射电强度变化也能看出来（图8-2）。

根据一个脉冲内部强度变化的快慢，可以对脉冲产生区的大小做出某种推断。为简化起见，可以设想有一个球离观测者非常远，用光学望远镜或肉眼看去都只能看见一个光点（图8-3）。如果这个球在

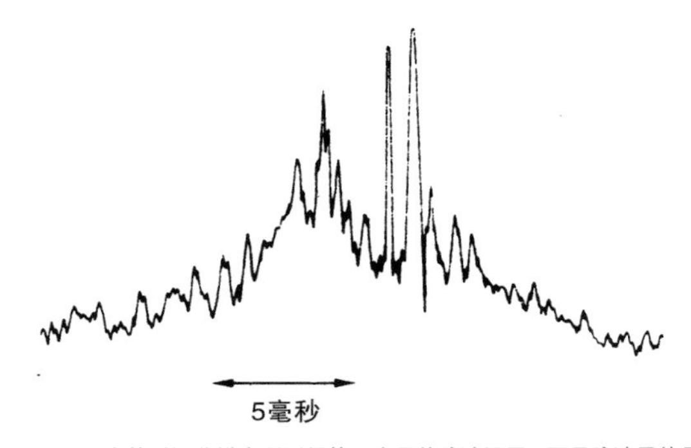

图8-2 用很高的时间分辨率所测得的一个具体脉冲记录，可见脉冲星信号的复杂精细结构

极短瞬间内发出一道闪光，遥远的观测者会看到什么？辐射以光速传播，由于从球面不同部位出发的光线所经路程不等，因此同时发出的光线到达观测者眼睛的时刻也就不同。首先到达观测者眼睛的信号发自球面上离他最近的所在，然后是来自一个环形区的辐射，最后则是历经最长路途、发自这个球球视圆面边缘的光线。本来发出的是短脉冲，在这位观测者的眼里却成了时间拖长的模糊脉冲，它的延续时间等于光线通过球半径所需的传播时间。但是不仅脉冲如此，球面亮度发生任何式样的变化都会照样在这段时间中变模糊，这是因为一切信号，不论是使亮度增强的还是减弱的，都不免要发生这种传播路程差。即使辐射产生区不是球面，这种脉冲变模糊的现象也会有。

因此，如果测得某辐射源的强度在万分之一秒内有变化，我们就可以断定该源不可能比光线在这段时间内所走过的路程30千米大得多，要不然的话，变化的信号就会因时间拖长而模糊。在一个脉冲中，万分之几秒内就出现强度起伏，图8-2观测记录上锯齿形起伏的陡翼表明了这点。既然射电辐射以光速传播，结论只能是发出脉冲的天体

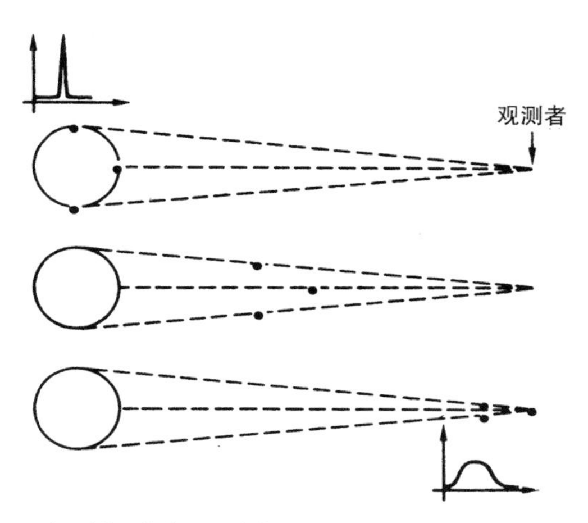

图8-3　由于光信号从球面不同部位到观测者所需传播时间有差异，因此一个从球面发出的光脉冲（图中左上）在一个遥远的观测者（图中右方）看来变成时间拖长的模糊脉冲（图中右下）

的直径不能大于几百千米。对比我们往常所熟知的星体，这就显得很小了。白矮星的直径有好几万千米，地球的直径有13000千米。脉冲星发出信号送来的信息告诉我们，宇宙中存在着电波发射非常强的微小天体。

发现新脉冲星的报道从世界各地接踵而来。现在人们发现的脉冲星已经有好几百个，它们的周期从百分之几秒到4.3秒不等。虽然脉冲的形状有所变化，但周期极其稳定，即使有时有些脉冲变得难以测出，接之而来的脉冲也是精确地按原先的周期涌现。

人们把脉冲做更进一步的分解之后，发现它们具有更精细的结构，如图8-2所示。这种强度变化的最快记录是千万分之八秒，就是说相应辐射区的直径最多只有250米。

早在发现脉冲星的当年，人们就已经测出好些脉冲星的周期在变长，也就是说它们的节奏在变慢。但是相邻脉冲的间隔时间的增长毕竟是个微小数量，平均需要1000万年光景才会使一颗脉冲星的周期翻一番。

脉冲星看得见吗

那是什么类型的天体？它们是贴近太阳系呢，还是远得像河外星系那样呢？不难推断，它们是处在我们自己这个银河系的群星之列。我们已经知道，我们所见天上这条带状的银河，是我们这个星系的盘内无数恒星造成的，而银河带内那个看来恒星特别密集的所在，正是我们朝着银河系中心望过去的方向。如果把所有脉冲星按位置画到一张天空分布图上，那么正像我们银河系中的星星那样，它们之中的大多数都是落在银河带天区中（图8-4）。

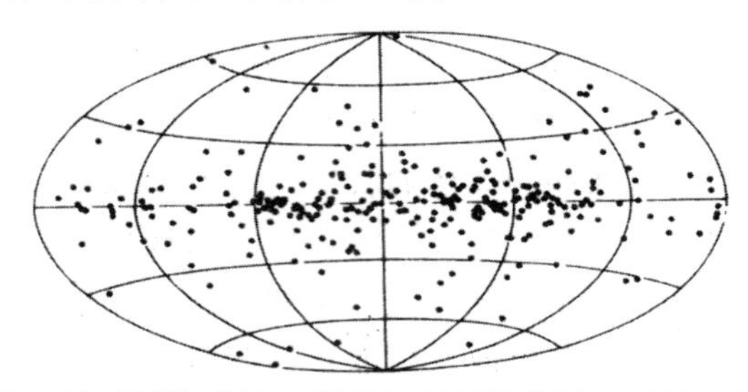

图8-4 300多颗脉冲星在天上的视分布。这里选取的坐标网把整个天球画在图中最大的长圆形范围中。银河的走向是沿着水平中位线，银河系扁盘中心位于图中央。大多数脉冲星分布在银河近处［据A. G. 莱因（Lyne）］

这样看来，它们在空间具有和恒星同样的分布：它们就分布在群星之中。也就是说，一些脉冲星所发出的脉冲要经历若干千年的长途奔波才为射电天文学家的望远镜接收下来。如果确是相距如此之遥还能被我们测到，那么这些脉冲星一定是强得惊人的辐射源，而其能量则来自直径也许只有250米的小小范围！发现了第一个脉冲星，并以某种精度测得它在天球上的位置后，人们紧接着就用光学望远镜搜索它，结果在射电指定范围内找到了一颗完全正常的恒星。这颗星显然和来自这个方向的射电辐射无关，脉冲星本身并没有找出来。

1968年秋，在蟹状星云的方向发现了周期只有3%秒的脉冲星信号，也就是说，公元1054年中国-日本超新星的爆后残云还给人们送来了脉冲星辐射！蟹状星云方向的一批星状天体（图7-6与图8-5）之中是不是有某一个和脉冲星有关？它们之中是否有一个正是脉冲星？

一批恒星之中，是否有一个在发出射电脉冲？这是怎样判断的呢？莫非它的光学波段辐射也是脉冲式的？对于这样暗弱的天体，目视观测绝不可能区分它的辐射是连续不断的还是脉冲式发射的。用照相方法更是不行，因为那是把星光的作用在底片某处累积起来，而不管它是均匀不变的还是以脉冲的形式射出来。

可见，要确定某一恒星的可见光是否脉冲式辐射，需要特殊技术。从原理上来看，不妨在望远镜后面装上一台电视摄影机，并且做成能把光学图像从电视摄影机传送到两处电视屏幕上（图8-6）。根据射电脉冲我们已经知道脉冲周期，那么可以做成前半周期在屏幕A上，后半周期在屏幕B上显示出电视图像。如果某天体的可见光以射电脉冲的周期明暗交替变化，那么可以使脉冲总是传到电视屏幕A上，而把它不发可见光的无脉冲区段传到屏幕B上形成空白点。那些不按交替传像周期发出节奏脉冲的光源，就会在A、B屏幕上显得一样亮。

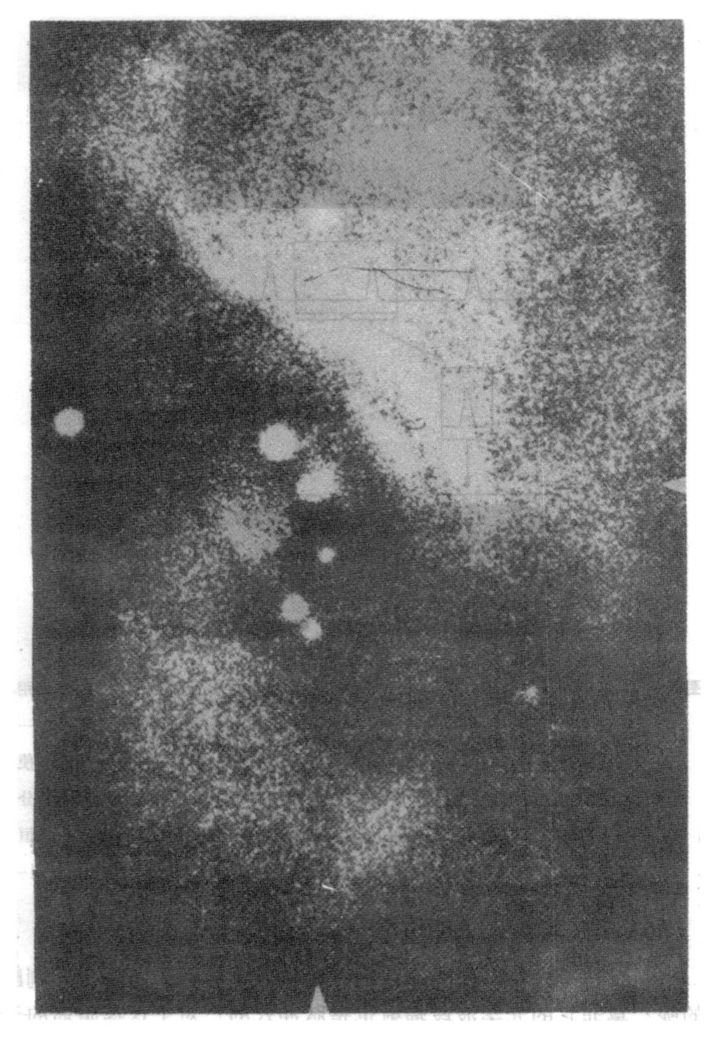

图8-5　蟹状星云中心区。对比彩图7-6可知本图就是彼图中心区的放大
[J. D. 斯卡格（Scargle）用利克天文台申恩（Shane）反射望远镜主焦拍摄]

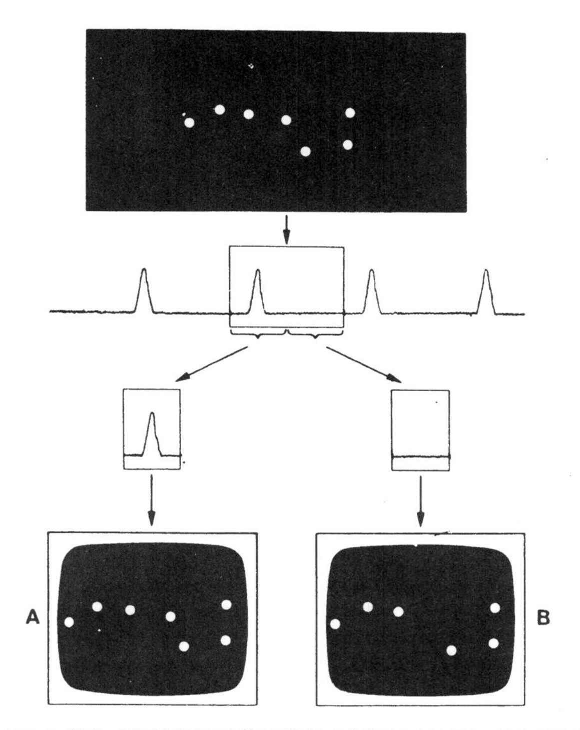

图8-6　鉴别一颗星是稳定不变的还是脉冲式的发光的方法原理。最上面是不用特殊技术所见的一群恒星形象。它的下面表示其中一颗星的周期性光脉冲。一台电视摄影机把接收到的图像以脉冲周期传送到A、B两个电视屏幕上，使屏幕A总是获得脉冲而屏幕B收到的则恰好总是该星不发脉冲时的那部分信号。对比最下方两图便知是哪一星在发射光脉冲（图中借用北斗中的一颗恒星来说明这种方法，实际上它并不属脉冲星之列，而是平稳发光的普通一星）

这样，只要对比一下这两个电视屏幕上的图像，就可以判断是不是有某一颗星在发着以射电脉冲周期为节奏的脉冲式光信号。

看见了蟹状星云脉冲星

正是用了上述方法，人们找到了它。所用仪器的工作原理不变，

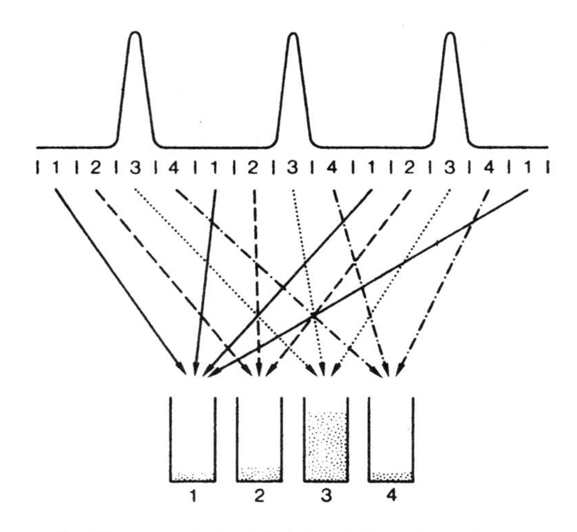

图8–7 鉴别某星是否以脉冲形式发光的一种类似方案。光信号以已知周期（由射电脉冲测知）不断依次输入一批光子计数器。以4台计数器为例，图中下方4个容器每一个代表一台，光子正在“倾泻进去”。每一周期分成4段时间。测试仪器把第一段时间中所接收到的光子“抛”入容器1，把第二段时间所接收的光子送进容器2，如此类推。这样经过一周期后，仪器作用就再由容器1开始。在这一例子中，计数器3得到大量光子而其他计数器几乎没有得到光子

不过是在有关天区中对每颗星逐一检查，而不是对比一整张天空图像；不是把待查星的光信号分传到几个电视屏幕上，而是按蟹状星云脉冲星的周期送入几台光子计数器中。这种测试装置的要点可见图8–7。对上的星如果是平稳发光，装置中所有计数器记录的光子数就大致相等；对上的星如果是以蟹状星云脉冲星的周期在发射光脉冲，那么在每一周期中只有那些恰好总在脉冲来到时接收信号的计数器才起作用，而其余的计数器则并无反应。如果按上述方式把脉冲星的光在许多倍脉冲周期的一段时间里传送到各计数器上，那么，遇到脉冲而受光的那些计数器显示的数字越来越大，而其余的计数器至多只是接收一点微弱的夜天光，记录的数字只会很小。这种情况称为计数

装置中有一脉冲在“累加”。

1968年11月，两位年轻天文工作者威廉·约翰·科克（Cocke）和迈克尔·迪士尼（Disney）决定向亚利桑那州图森地区斯蒂沃德天文台的90厘米反射望远镜申请3个观测夜。由于两人都还缺乏天文观测经验，因此想利用这几夜熟悉望远镜。当他们还在思考观测对象时，学术刊物《科学》在12月初登出了发现蟹状星云脉冲星的报道，他们就决定把分配到的观测时间用来搜索蟹状星云脉冲星的可见光辐射。正好那时在研究所里就有一台现成的计数装置可用，那是唐纳德·泰勒（Taylor）为了与此毫不相关的用途所制作的。于是他连人带电子仪器作为嫁妆加入了搜索小组的行列。这样，技术方面已经一切就绪，可是搜索计划成功的希望不大。虽然从未有人成功地证实过脉冲星为可见恒星，但科克和迪士尼的打算是最低限度总可以学一学使用望远镜，至少还可以这样来检验泰勒的电子装置。

1969年1月初，这套测试设备在基特峰装就。1月11日，诸事齐备，望远镜首次指向蟹状星云。对每一对象星都测到5000倍脉冲星周期以上，同时把光信号按射电脉冲周期传送到若干计数器上。结果，在搜索区内并没有什么星使计数器中累加起一个脉冲来。泰勒在1月12日回图森去了，于是只有科克与迪斯尼留在山上，另外还有管电子仪器的罗伯特·W. 麦卡利斯特（McCallister）帮忙。1月12日，天气开始变坏，仍旧没有结果。接下来的两个观测夜，也就是分配给这一项目的最后两夜，由于恶劣天气而报销了。事情看来仍无成效。

偶然的良机往往产生深远的影响。1月15日起，轮到使用这架望远镜的观测者威廉·G. 提夫特（Tifft）慷慨地为两位运气不佳的新手又提供了15日、16日两夜的机会，使他们能继续实验。下面我援引迪士尼本人的描述：

“15日白天有云，但黄昏时云退天晴，晚上8点正我们开始工作。泰勒还在图森，科克和我轮流操作望远镜，麦卡利斯特管着泰勒的仪器。第一步，我们先试测没有星的天空背景。第二步，我们就把瓦尔特·巴德（Walter Baade）认作蟹状星云中心星的那颗星放入仪器光阑中。才过了30秒钟，计数器上就显示出一个清楚的不断增长的脉冲，并且显然在主脉冲后半个周期还出来一个较小的、相当宽而没有主脉冲那样高的次脉冲。这时候，麦卡利斯特平心静气地继续操作着仪器，科克和我却时而欣喜若狂，时而沮丧万分，不能自已。这是脉冲星呢，还是我们碰到了电子仪器的某种干扰？何况脉冲星频率又恰好是美国交流电源频率的一半。可是，测试一再重复，脉冲丰姿就一再重现，气氛更热烈了。晚上8点30分，也就是观测开始后半小时，我打电话通知泰勒。他起先抱怀疑态度，提出要改装电子仪器以消除可能存在的弊病。直到第二个夜晚眼看到脉冲累加，他才信服了。晚上10点10分,我们打电话告诉了各自的妻子，她们一听就想马上上山来看，好不容易才劝住了她们。凌晨1点22分，雾蒙蒙的夜空结束了这场观测。观测圆顶里的3名观测者毫不怀疑他们幸运地发现了第一颗光学脉冲星。”

很快就有另外一批观测者来证实这项发现。图8-8的两幅图像是按图8-6所示的原理得到的。那么右边这幅图像中所缺的脉冲星也就是图8-5中心附近两星中的偏下一颗，它的位置用图右边缘和下边缘

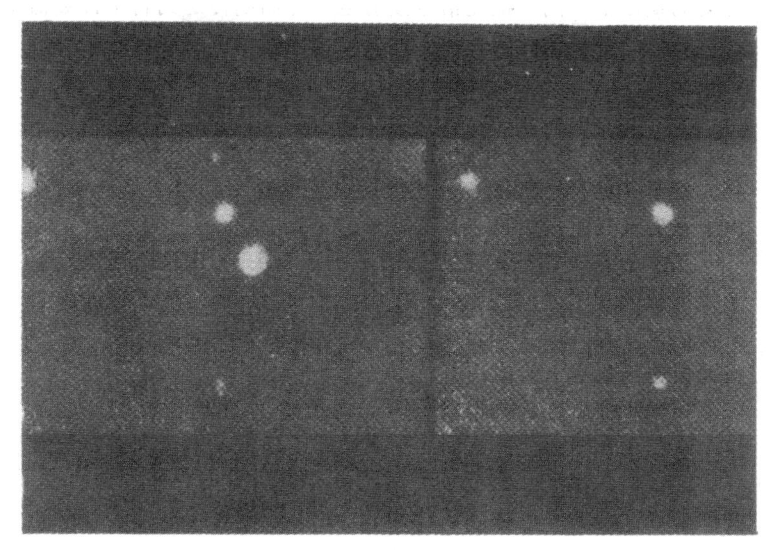

图8-8　由电视屏幕对比法（图8-6）所得两幅图像（利克天文台拍摄）可以看出，图8-5中确有一颗星是在按照蟹状星云脉冲星的周期发射光脉冲。图8-5的右边缘和下边缘各用一个白色箭头标出此星位置。比较图8-5与图7-6就可以在彩色照片中很容易地把看来和其他恒星毫无区别的蟹状星云脉冲星找出来

的记号标出。根据图8-5就能在展示蟹状星云全貌的图7-6中把脉冲星辨认出来。

什么是脉冲星

脉冲星和超新星爆发有某种联系，这在蟹状星云脉冲星发现后已经明确。看来，超新星爆发后，恒星的残余部分就发出脉冲星信号。星空另有一处的气体现象反映从前曾爆发过超新星，而恰好在该处发现了又一颗脉冲星。这桩事也加强了那样的设想。显然，这一事件要追溯到很久以前：船帆星座中这一超新星爆发的年代应该比蟹状星云

超新星爆发早得多，因为它抛出的气体物质在天上看来已经不是小小一点，而是布满了一广阔空间范围的许多条纤维状气体丝。这颗脉冲星的周期为0.09秒，比蟹状星云脉冲星长。它是已知的快速脉冲星的第三名。它刚一被发现，人们就着手在可见光区寻找它。直到1977年，这项搜索才告成功，2月9日《自然》编辑部收到的这封宣布成功证实船帆脉冲星为某一恒星的投稿信是由12位作者签名的。只要想一想，在此之前的8年中除了在英国和澳大利亚工作的这12位获得成功的科学家之外，还有大批天文学家曾动用世界上效能最高的望远镜搜寻以船帆脉冲星的节律发光的恒星却都宣告失败，就能体会这场搜捕会战是何等艰辛。还有，曾参加蟹状星云脉冲星观测的迈克·迪士尼，这次也在成功队伍之列。

用可见光寻找所有别的脉冲星至今一无所获。这使人们形成如下的印象：恒星发生超新星爆发，产生了脉冲星。一开始时它的脉冲周期比蟹状星云脉冲星还要短，它既发出射电脉冲，也发出光脉冲。随着年代的逝去，脉冲节律逐渐变慢。过了不到1000年，周期变长到蟹状星云脉冲星那样，再过许多年变成和船帆脉冲星那样长。随着脉冲周期的变长，它的可见光也同时变得越来越暗。后来，它的周期达到了1秒以至更长，光学脉冲早已消失，可是射电波段还能测到，因此只有两个周期极短的脉冲星才看得见。两者属最年轻之列，连它们的爆云残烟都还在目。而那些较老的脉冲星早就丧失了它们的可见光辐射。

可是，脉冲星究竟是什么？一颗恒星以巨型爆发结束生命时，剩留的是什么？我们已经知道，产生脉冲星辐射的空间范围一定是非常小的。那么，为了解释脉冲星现象，试问在一很小空间内有哪些过程进行得既快速，重复得又那样精确呢？是像造父变星那种类型的恒星的胀缩过程吗？果真是脉动变星的话，那么它们的密度一定非常大，因为只有这样，它们的振荡周期才可能很短。让我们回想一下，造父变星的周期是好些天，而我们在寻觅的天体甚至能在百分之几秒内振荡。即使是我们所知密度最大的恒星——白矮星，其振荡周期也没有那样短。我们不禁要问，是不是还存在着密度更大的恒星，也就是说，密度每立方厘米好几吨的白矮星对比它们如同小巫见大巫的那种星体？

在人们对脉冲星有所知晓前好多年，帕萨迪纳的两位天文学家就曾有过这样的设想。20世纪30年代，德国出生的瓦尔特·巴德在当时世界最大的望远镜旁工作。他可以称得上是20世纪最优秀的实测天文学家之一。这个帕萨迪纳研究组的另一位成员是同样富于想象并习惯于争论的瑞士人弗里茨·慈威基（Fritz Zwicky）。早在1934年，这两位天文学家就已提出密度极高、物质几乎完全由中子组成的实际恒星是可以想象的。1939年，物理学家J. 罗伯特·奥本海默和乔治·M. 沃尔科夫（George M. Volkoff）在美国物理刊物《物理评论》上发表了一篇关于中子星的学术论文。不过，远在天体物理学家们认真研究中子星之前，这篇文章的作者之一就已名扬全球，因为奥本海默在美国的原子弹研制中起了主导作用。

通过奥本海默和沃尔科夫的研究，人们了解到，电子和质子全都结合成中子的物质能够形成由本身引力维持不散的恒星类型的气体球。知道了中子物质的特性，就能对这种中子星进行理论计算。计算

图8-9 太阳、白矮星、地球和中子星的大小对比。图中上方画出太阳的边缘一小片

出来的中子星“恒星模型”表明这种星的密度极高，相当于把太阳的质量挤缩在一个直径为30千米的球内，每立方厘米包含的中子物质有几十亿吨之巨（图8-9）。如果能让中子星振荡起来，那么它们的频率应该比脉冲星快得多。所以，要问是什么原因使脉冲星那样规律地掌握时间、形成了脉冲星的周期，那么中子星的振荡也绝非答案。

这样，我们又兜回原地来了。寻觅了一番可能振荡得极快的高密态恒星类型的天体，我们发现，白矮星太慢，而设想中的中子星却太快了。

托马斯·戈尔德解释脉冲星

天文界的同行们称托马斯·戈尔德为汤米（Tommy）。他出生在奥地利，1938年希特勒军队开进去以前避难于英国。他在英国学习，和同时避难于英国的赫尔曼·邦迪（Hermann Bondi）以及弗雷德·霍伊尔一起工作了一段时期，然后去美国。发现脉冲星的新闻传遍世界的那些天，他正执教于纽约州伊萨卡的康奈尔大学。当时大批的（多数是企图挽救脉动假说的）草草出笼的理论解释文章正充斥各种学术刊物，汤米·戈尔德的思考却转到另一方向。

天上各种规律性最强的周期过程中还包含天体的转动。太阳每27天绕本身的轴转动1周，有的恒星自转远比这快得多。可以问，脉冲星那样规律性的周期是否可能和一种自转过程有某些关系？这就是设想一个天体要在1秒内绕本身轴自转1周，对蟹状星云脉冲星来说甚至要自转30周。但是恒星自转的快速程度并非没有限度，转速太急会被离心力撕裂。只有那些表面重力非常巨大的恒星才能绕本身轴急速自转。白矮星最快大约每秒能转1周，如果叫它以蟹状星云脉冲星的周期去急转，离心力早就把它撕碎了。只有密度更大的恒星才能转得更急速。

再来看中子星，脉冲星周期现象的时间控制因素会不会就是中子星的自转，也就是说，一颗中子星能不能在几分之一秒内绕轴自转一周？这完全可能，它的重力足够强大，哪怕要它转得远比这样还快得多也行。

天体物理界人士目前都公认汤米·戈尔德把脉冲星解释为自转中子星的假说是最合理的。此外，脉冲星周期的逐渐变长就使人推想，中子星的自转会随着时间的推移而变慢。这看来很合乎道理，因为照此说法脉冲星所放出的射电和可见光辐射能的源泉也许就在于中子星的自转能。那么，仅仅放出辐射这件事看来就足以使中子星的自转逐渐慢下来，但是这种减慢作用的威力还不止于此。

据估算，蟹状星云脉冲星变慢所不断释放出来的自转能，不仅维持着脉冲星的辐射，甚至还担负着整个星云发光的消耗。这一结果还帮助我们去解决另一个难题。

普通气体星云，像图7-5的行星状星云或图12-1的猎户星云的光是由原子所发射的，蟹状星云发光的原因则完全不同。蟹状星云中的电子运动得几乎和光线一样快，它们在超新星爆发时获得了极高的速度。这些电子在星云的磁场中被迫沿圆形轨道运动，并以光线的形式把能量发射出来。曾经有个难题是，公元1054年以来，这么多年了，这些电子为什么还是运动得那样快？既然发射能量，它们为什么没有慢下来？照说它们的辐射应该越来越弱，蟹状星云的亮度越来越暗。显然它们应该是从某处得到了补充的能量。现在我们已经找到了这个能源。如果汤米·戈尔德的理论正确，蟹状星云中的自转中子星可能通过它的磁场把能量输送给附近的气体。中子星在星云中就像一根搅拌棒在使劲搅动，使电子保持其速度，使蟹状星云不失其光辉。这个中子星的自转能还够用几千年。

虽然我们已经找到了一种至少能解释脉冲星规律性时间变化的作用过程，但是我们还不明白，其中的射电辐射究竟是怎样产生的。因为接收到的不是普通波形，而是在一个周期的绝大部分时间中空缺，随之又在极短时间内集中了极多能量的脉冲式辐射，那么只能设想，星体沿某特定方向发出辐射，自转使它那探照灯般的光束按一定的时间间隔一次又一次地扫到我们这里，就像一座灯塔发出旋转的光扫到一只船上那样。

中子星可能类似于我们地球，具有磁场，只是远比地球强得多，在讲X射线星的第10章里我们还要谈这个问题。假定磁轴与自转轴并不一致，地球也正是这样，中子星自转时，带动其磁场一起转。不妨这样设想（图8-10）：中子在自转磁化中子星的表面变成电子和质

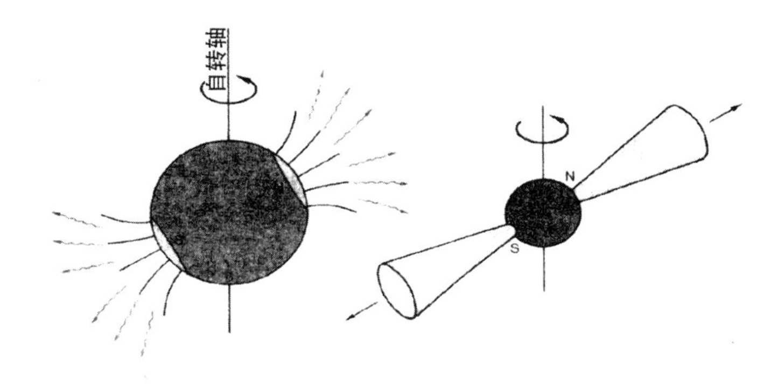

图8-10　产生脉冲星信号的一种可能模型。在一颗自转中子星的北磁极区N和南磁极区S附近，电子以接近光速的速度沿磁感应线飞向空间。它们在中子星附近把能量成捆地沿飞行方向发射出去。辐射量子在本图左方用波纹箭头表示。中子星发出的辐射就这样以两个辐射锥的形式从两磁极射向空间（图中右方）。中子星自转，这两个锥也跟着转。它们像两股探照灯光束那样扫过空中，一位观测者只有在辐射锥扫到他时才接收到辐射。中子星看来一闪一闪地发出辐射，是它的自转造成的，一闪一闪的时间间隔就反映自转周期

子，表面的强电场使带电质点被抛离中子星。这些粒子沿磁感应线飞向空间，它们的能量足以使蟹状星云在它诞生后千余载的今天还在发光。由于带电粒子横穿磁感应线特别费劲，它们大多数都在磁极区离开中子星，沿着弯曲的磁感应线以巨大的速度向外飞去。图8-10就说明了这种情况。飞离中子星的粒子之中最轻的是电子，运动速度也最快，大致接近光速。电子以这样的高速沿曲线轨道飞行时要发射出能量，这种能量不是均匀地发往四面八方，而是高度集中在电子的飞行方向。这就意味着，辐射离开中子星往外传播的方向就是中子星磁感应线的指向，所以它是在两个锥状的空间区域中发射出去的。因为磁场跟随中子星转，两个辐射锥也转。从一位远方的观测者看去，只

有当他被两锥之一扫到时才能接收到辐射。从他那里看起来，中子星在按它的自转周期等间隔地闪亮。在这样一幅当代天体物理界许多人士认为基本正确的设想图中，我们被沿着中子星两极磁感应线方向发出的辐射打中，正像被一座灯塔的旋转光柱扫到一样。

尚待解决的若干问题

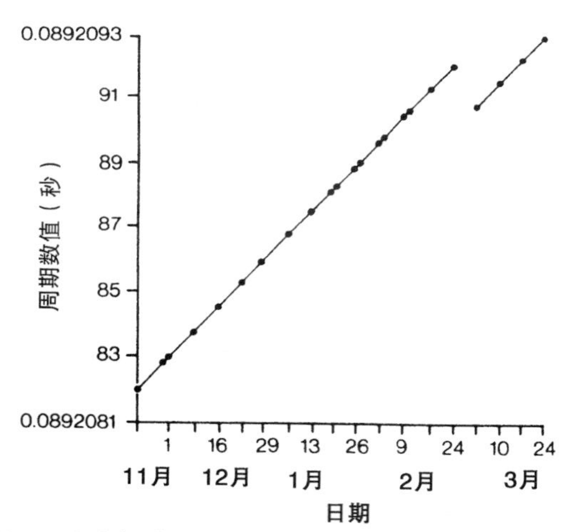

图8-11 一颗脉冲星的周期突变。慢慢增长的脉冲星周期会突然缩短（图上方所示），然后恢复增长。此图据P. E. 赖希莱（Reichley）和G. S. 唐斯（Downs）

1969年春，两处天文台各自发现有一颗脉冲星缩短了相邻脉冲的时间间隔，中断了脉冲周期缓缓变长的进程，此后又恢复到和以前相等的状态（图8-11）。既然我们已经了解脉冲星是自转中子星，受到周围介质的阻尼作用而变慢，那么，它为什么又会突然变快呢？

这种变化的形式是突然颤动。核物理学家比天体物理学家更善于和中子打交道，他们认为，中子星表面已形成硬壳，而这部分物质在超新星爆发所留下的中子星的冷却过程中有时会像土块那样散裂。在这种情况下，如果中子星再稍为收缩，它的自转速度就变快。这就是已经记录到好多次的周期突然变短的解释吗？地壳内的较大变动会引起地球自转周期也就是一天长度的变化。我们是不是观测到了脉冲星的类似现象？周期突变是在告诉我们中子星星震的信息吗？

1974年，罗素·A. 赫尔斯（Russell A. Hulse）和约瑟夫·H. 泰勒（Joseph H. Taylor）发现了一个新脉冲星，它的周期（59毫秒）之快当时仅次于蟹状星云脉冲星而名列第二，但至关重要的还不是这点。它的脉冲间隔显然不等，而是相互挤紧一些，然后又相互分开，每天如此反复3周。这种现象的示意情况可见图10-4，那是另一场合，因为它对那里所讲的X射线源具有更重要的作用。本书在该处还将说明当一个脉冲源绕另一天体运转，信号传到我们这里所经路程会时而偏长、时而偏短这种现象（还请参阅图10-5）。这样看来，赫尔斯-泰勒脉冲星是在绕着另一星体运转！可是至今还没有任何人能在这一位置确认出一颗光学星体来。这并不奇怪，因为这一脉冲星的轨道太窄小，给这未知天体留出的地盘简直说不上来。它不能是一颗正常的主序星，那实在是太大了，更不用考虑什么巨星或超巨星。和这颗脉冲星组成双星的另一颗星体也许是白矮星或者中子星？如果是后者，那么又为什么该中子星并没有成为另一脉冲星？这时，人们已经在4对双星中发现了脉冲星，其中2对可能都是包含一颗主序星，它看来很好地经受住了其伴星在变为脉冲星前的超新星爆发。

读者可能还会记得，休伊什的研究组发现了第一颗脉冲星后，没有把小绿人作为信号来源，是因为相邻脉冲的时间间隔并没有周期性变化（参阅第133页脚注）。几百个脉冲星也都是这样，有一批脉冲星的信号则来自围绕另一星体运转的天体。如果1968年宣布发现的第一颗脉冲星是双星的成员，剑桥当时的兴奋激动又会达到何等的地步呢！

最近10年来，实测天文学的一个新领域取得了很大的进展，这就是γ射线天文学。γ射线是波长极短的辐射，其光子的波长比短波X射线还要短。这种辐射的能量极高，每个γ光子的能量约为可见光光子的100万倍。γ射线和X射线一样，都不能从外层空间穿透大气层达到我们这里，因此只有在开展了用火箭和卫星对宇宙的观测后，人们才对来自宇宙的γ射线有所了解。天文学的这一分支至今所取得的惊人结果之一，是发现有一批脉冲星在发射γ射线脉冲。既然γ射线具有巨大能量，看起来似乎脉冲星现象中的γ射线是主流，而吸引人们进入脉冲星王国的射电辐射只不过是微不足道的支流，也许就像爆炸事件中的响声只是无关紧要的枝节现象那样。γ射线脉冲的周期和射电脉冲一致，但并不和后者重合。我们对脉冲星的γ射线现象仍不理解。

目前，脉冲星还有另一方面使天文学家不安。根据已经发现的那么多脉冲星可以估计，我们银河系中现在处于活跃阶段的脉冲星总数应该大约有100万个之多。另外，几十年来我们在进行着遥远星系的巡天观测，以了解彼处每世纪平均发生多少次超新星爆发。这样我们就可以估计，我们银河系中最近期间产生了多少中子星。目前的情况是，超新星爆发的次数似乎远不足以产生空间中那么大量的脉冲星。

这会不会是一种迹象，反映脉冲星还可能以别的方式形成？或许它们之中有的并非由于恒星爆炸，而是通过某种并不那样惊人的途径，在一定程度上以某种和平方式诞生的。

1982年11月，一则激动人心的新闻传遍了天文界，说是有5位射电天文学家用波多黎各岛的射电望远镜新发现一个脉冲星，打破了蟹状星云脉冲星的快速记录。它每秒钟给我们发来642个脉冲。也就是说，这个中子星每秒自转600周以上。中子星表面的重力真是巨大，转得那样急竟没有溃散。

后来在一次访问中，伯内尔夫人说，一位不愿透露姓名的射电天文学家曾向她承认，在第一个脉冲星发现以前，他曾观测到猎户星座中有一个脉冲星，而该处正是我们现在知道的一个脉冲星的方向。他的自动记录仪指针以等间距的节奏颤动着，于是他脚踩仪器，颤动消失。随之消失的可能还有一笔诺贝尔奖金。实际上后来安东尼·休伊什由于他领导的研究组发现并研究了脉冲星而获得了1974年度诺贝尔物理学奖。发现是重大的，取名则不当，脉冲星并不脉动。当人们取这名称时，还以为它们是像造父变星那样来回胀缩的星体，现在我们理解到它们是自转中子星，只不过取的名称已经挂在它们头上成为既定事实。可是我们能不能从根本上肯定汤米·戈尔德是正确的呢？确实存在中子星吗？直到发现X射线星之前，天体物理学家思想上总还有一缕疑云未散。要问那种天体又是什么，请参阅本书第10章。

第9章
恒星窃取恒星的物质

我们知道，对于天体物理学家来说，双星是最能提供信息的天体。人们可以从双星得到比单星更多的东西。这无论是对于下一章将要讲到的X射线星，还是对于双星中的一般恒星都是如此。有一段时间，似乎双星证明我们所有关于恒星演化的概念都是错误的。有些研究双星的人也曾经简单地断言，双星中的恒星演化和20世纪50年代以及60年代用计算机所模拟的情况完全不同。

引起这种怀疑的原因是因为有一类特殊双星的存在。这类双星第一次被人们所注意是在1667年，当时博洛尼亚的天文学家吉米安尼·蒙塔纳里（Gemiani Montanari）发现英仙座的第二颗最亮星突然有一段时间变得比平时暗很多。

大陵五——魔鬼之首

托勒密把放在柏修斯[1] 手中的那颗星叫作“女怪之首”，犹太人称它为“魔鬼之首”，阿拉伯人把它叫作Râs al ghûl，意思是“不安静的

1. 古希腊神话中杀死蛇发女怪的英雄。英仙座就是用他的名字而取名。——译者注

鬼神”。这颗星就是根据阿拉伯名字而叫作Algol[1]。蒙塔纳里觉察到它是一颗变星。100多年以后，18岁的英国人约翰·古德利克才清楚地了解它。他在1782年11月12日的晚上，觉察到这颗星比平时暗了6倍，但到第二天晚上大陵五星又恢复了正常。在同年的12月28日，相同的现象又再次出现了。大陵五星在下午5点30分变暗，3.5个小时以后它又亮起来。古德利克继续观测，并且很快就得到这样的结论：大陵五通常是亮的，但每隔2天零21个小时，它的亮度变暗一次；在3.5个小时内它的亮度将一直减弱到比正常亮度的1/6还要暗，而在随后的3.5个小时内又逐渐亮起来。

古德利克立即给出了直到今天都还是正确的解释。这位天才的聋哑青年在伦敦皇家学会刊物《哲学学报》上发表的一篇文章中写道："如果不算过早地推测它变化的原因，那么我可以设想，或者是有一个大的中间物体围绕着大陵五转动，或者是它本身的某种运动，这种运动对于地球来说是很规则而有周期的运动，并且可以将大陵五的一部分体积遮住。除此而外，很难有其他原因。"100年以后，人们才相信他所说的。今天我们知道，他的第一个解释是正确的。确实是有一颗伴星以69小时为周期围绕着大陵五转动，并且能局部地把它遮住。

任何人只要知道大陵五在空中的位置，就能用肉眼观看到这个现象。这颗星几乎总是很亮，因而在多数情况下没有发现它有什么特殊的地方。但是可以不断地看到它会变暗，暗到和旁边一颗平时远比它暗的星，即英仙座Rho星一样亮。

1. 在中国这颗星叫大陵五。—— 译者注今天人类已经知道有很多像大陵五一样被一颗伴星规则掩食的变星。在本书开头我们就提到御夫座ζ星的掩食。所有的食变星都是密近双星。它们相距很近，即使在最好的望远镜中也不能将它们分开而看到单颗恒星。但是，我们可以根据它们发生掩食的方式而得到双星的知识。正是大陵五星使人们知道了和恒星演化理论相矛盾的问题。

双星系统中的复杂作用力

如果在一颗恒星的近旁还有一颗伴星围绕着它运动，那么作用在物质上的力不仅有指向恒星中心的重力，还有伴星对它的引力，此外还要加上由于两星互相围绕运动所产生的并且是很重要的离心力。

因此，如果有第二颗星的存在，恒星附近的引力就会以复杂方式变化。所幸的是，在19世纪中期，有一位在蒙彼利埃工作的法国数学家爱德华·洛希（Edouard Roche）找到了一种简化方法。至今天体物理学家还在应用这种方法。

在单星情况下，恒星周围的物质仅仅受到指向恒星中心的引力作用。然而在一个双星系统中，任何地方的物质都会同时受到两颗恒星的引力作用。如果两颗恒星的引力方向相反（对于两星连线上的点），这两个力可以全部或是部分地被抵消（图9-1）。我们给两颗恒星分别编号为1和2。由于引力是随着距离的增大而急剧减小，所以，在靠近恒星1的地方，恒星1的引力就成为主要的。而在恒星2的附近，恒星2的引力是主要的。我们可以在每颗恒星的周围画出一个所谓的“允许”体积。如果把气体放到这个体积内，则气体会落到位于这个体积内的恒星上去。人们把允许体积称为洛希体积。恒星的引力在它的洛希体积内是主要的。图9-1中用虚线表示的曲线是最大允许体积的外截面。在图中还可看到，当气体参与两星的互相围绕运动时，气体还应受到附加的离心力作用。位于图9-1中两个允许体积外部的物质，可以被离心力抛出系统去，也可以落入到两星中的某一颗星上去。但在任何一个洛希体积内的物质，必定要坠落到该体积内的那颗星上去。允许体积的大小与两颗星的质量以及它们间的距离有关，而且，已知双星是很容易计算出来的。

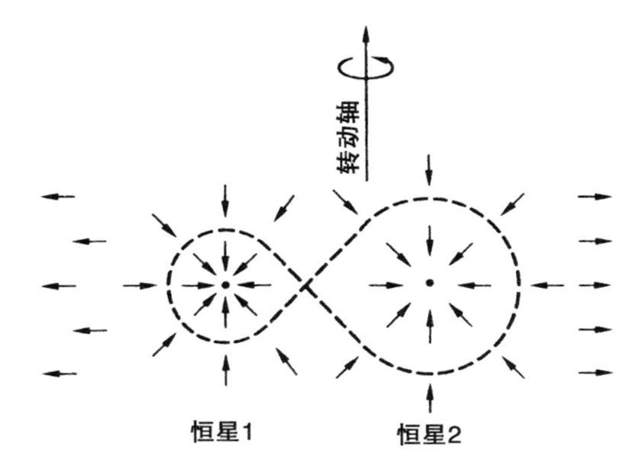

图9-1　在一个密近双星系统中的力。两颗星用黑点来表示，箭头表示作用在该处的气体原子上的力的方向。在恒星的附近，它的重力是主要的。箭头或者指向恒星1，或者指向恒星2。在两星连线上有一点，这里两颗星的引力互相抵消。由于两颗星互相围绕转动（转动轴和转动方向在图的上半部分给出），因此在离轴较远处（图的左边和右边），将物质抛出去的离心力是主要的。每一颗星存在一个最大体积。当它膨胀至超出图中用虚线表示的空间区域时，它外壳的一部分就要流到另外一颗星上去。在双星系统中，一颗星允许的最大体积叫作它的洛希体积

如果观测双星，则常会发现有的双星系统中两颗星都位于它们的洛希体积以内［图9-2的图（a）］。这时对于任意一颗星的表面来说，指向中心的自身重力是主要的。粗略地说，这时没有哪一颗星会感觉到它的伴星的作用。因此并不奇怪，被人们称为不相接型的密近双星

和单星是没有区别的。在多数情况下，两颗星均是通常的主序星，它们都是靠氢聚变提供能量，并且只消耗了很少一部分燃料。

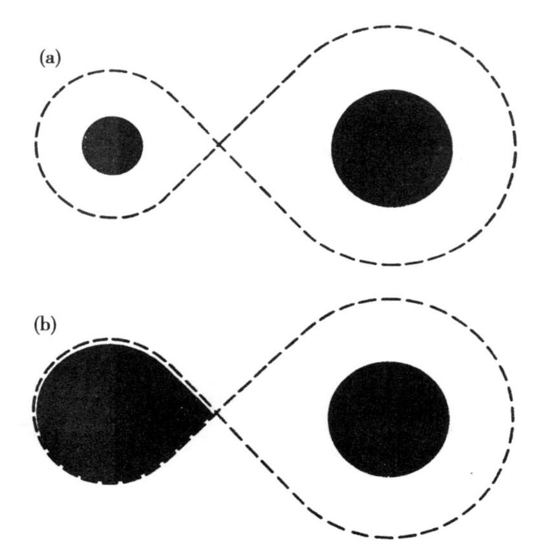

图9-2 图（a）为不相接双星，其中两颗星都明显地在虚曲线表示的最大允许体积之内。图（b）为半相接双星，左边的星正好充满它的洛希体积

此外，还有另一类双星系统，其中一颗星是在它的允许体积以内，而另外一颗星则正好充满它的允许体积。人们称这类双星为半相接型双星［图9-2的图（b）］，大陵五双星就是其中之一。在半相接型双星中就会出现矛盾。

大陵五和天狼星的佯谬

半相接双星中质量大的星小于它的洛希体积，它是一颗正常的主序星。而质量较小的星却完全不同，它正好达到允许体积的边界，并且在赫罗图中已位于主序的右边，明显地朝着红巨星方向移动了（图9-3）。质量较大的星还没有将它的氢全部耗尽，因为它还在主序上。然而质量较小的星似乎已经将它中心区域的氢全部耗尽，因为它已准备向红巨星区域运动。

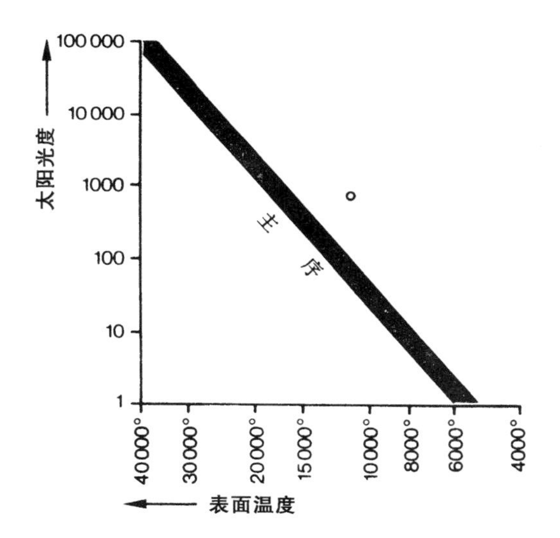

图9-3 半相接双星系统中质量较大的星（图中用圆点表示）还在主序上，而质量较小的星（用圆圈表示）已经离开了主序。这与流行的恒星演化概念相矛盾，根据恒星演化理论，质量较大的星应该首先离开主序

这和我们的恒星演化概念完全相反。我们曾看到，质量大的恒星演化得很快，首先耗尽它的氢燃料。然而在这里，两颗年龄相同的恒星中却是质量较小的星首先耗尽它的氢燃料。至于两颗星的年龄相同，我们不必怀疑，因为不存在一颗星能够捕获另一颗星的现象，所以，它们必须是同时诞生的。为什么质量较小的星反而演化得快？难道是恒星演化基本概念错了？

不仅大陵五型双星使我们在演化概念上遇到疑难，某些不相接双星也使我们处于困境之中。我们知道，天狼星和一颗质量仅有0.98个太阳质量的白矮星组成一个双星系统。根据计算机得到的太阳演化史可知，一颗比太阳质量还要小的恒星，从它诞生起至少要经过100亿年才能变为白矮星。它无论如何要比我们今天的太阳老得多。天狼星双星的主星相反却有2.3个太阳质量，因此它应该更快地演化。但是，它仍然表现出具有正在进行氢燃烧的未演化恒星的所有性质。这里再次出现了双星中质量较大的星还没有耗尽氢，而质量较小的星相反已耗尽氢、处于后期演化阶段中的情况。

不过天狼星并不是唯一的例外。还有许多双星系统是由一颗质量较小的白矮星以及一颗未演化的恒星所组成。

计算机得到的双星

人们不愿怀疑恒星演化的理论基础，因为这个理论完全符合星团的观测结果。那么是什么原因使一颗双星系统中的恒星的演化变得反常了？这只能是因为相互间的引力所造成的。

首先我们设想，有一颗恒星由于某种原因而不断膨胀，直到正好充满它的最大允许体积。这时继续膨胀就会使它表面层的一部分挤入到伴星的洛希体积内，于是必然有一定物质从膨胀的恒星流到伴星上去。这就是密近双星演化中的新现象：双星中的恒星，当它的中心区域内由于核反应而将氢耗尽时，它就会膨胀，并造成恒星物质几乎以突然方式变化。如图9-2的图（a）所示，如果有一双星系统开始时是明显的不相接双星，则质量较大的星会首先耗尽氢而可能成为红巨星，但是很快它就达到了它的最大体积。如果再继续膨胀，就必定有质量流到它的伴星上去。

计算机又可以帮助我们了。实际上这一切几乎都像单星演化那样进行，人们只需让计算机知道恒星的空间范围是有限制的。计算机必须在每一演化时刻计算出这个体积，并且和恒星的体积进行比较。如果恒星过大，则计算机从它表面取走物质，然后计算质量减少后的恒星模型。取走的物质就加到另一颗恒星上。物质由一颗星转移到另一颗星上，就改变了两颗星的引力、轨道周期以及离心力，所以这时计算机必须重新确定这两颗星的允许体积，并且检查在物质交换以后每颗星是不是在它的洛希体积内、是否继续有物质由一颗星流到另一颗星上去。这样我们就可以用计算机来模拟有物质交换的演化过程。计算机就是我们研究不同双星系统演化史的工具。

唐纳德·莫顿（Donald Morton）1960年初在史瓦西的指导下在普林斯顿完成的博士论文中，首先解开了大陵五佯谬之谜。1965年当人们已经能够用计算机来模拟这种复杂的恒星演化阶段时，阿尔弗雷德·魏格特和我也在哥廷根从事这个问题的研究。我们当时计算了一系列双星系统的演化史。这里我想举出其中的两个例子。

第一对双星的历史——一个半相接双星系统的诞生

我们首先计算了这样一对双星。演化开始时它们分别是9个太阳质量和5个太阳质量的主序星，它们以1.5天为周期和相距13.2个太

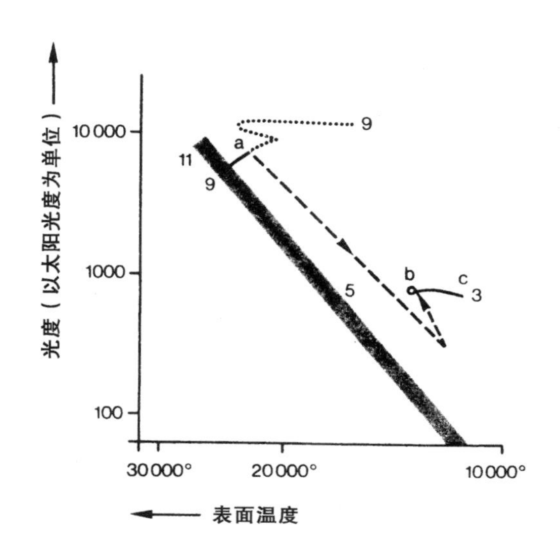

图9-4 由5个太阳质量和9个太阳质量的两颗子星组成的密近双星系统的演化。质量较大的星明显地先耗尽它的氢储量。它沿着用点表示的演化程变成红巨星。但是在它中心的氢完全消耗掉以前，它已经达到了它的最大体积。在一个快速的质量交换阶段中，它沿着用虚线表示的曲线运动到b点。同时，获得质量的星则沿着主序向上运动。原始质量较大而现在成为质量较小的星在b点和c点之间将中心区域的氢全部耗尽了，到c点时它只有3个太阳质量，而它的伴星却有11个太阳质量（图中在演化程以及主序上标出的数字是以太阳质量为单位的质量数）

阳半径互相围绕着运动。质量较大的星演化得快，相反另一颗星的演化速度几乎感觉不到。当9个太阳质量的恒星不断地将它的氢消耗掉时，它的外层慢慢地膨胀起来。经过1250万年，其中心的氢的含量已下降了一半，这时恒星已经膨胀到正好充满了它的允许体积，在图9-4所示的赫罗图中它到达演化程中的a点，若再继续极微小地膨胀就停不住了：质量必须流到伴星上去。

计算告诉我们，并不是减去一个很小的质量就能使恒星的体积缩小。这会引起一场持续6万年的灾难。在这个期间，恒星从原始的9

个太阳质量中要损失掉5.3个太阳质量给它的伴星，而伴星现在具有5+5.3=10.3个太阳质量。伴星已吸收这么多质量，使得它现在成为质量较大的星。于是，在一个对于恒星生命来说是很短的时间里，质量较大的恒星和质量较小的恒星的地位互相交换了。在赫罗图中，氢已耗尽的星位于b点上。这颗星已经较早地消耗掉相当部分的氢，因而是一颗已演化的星，所以它在主序的右边。在平静下来以后，它还要进行一段时间的慢速演化。这时它要将中心部分剩余的氢全部耗尽。与此同时它还会慢慢地膨胀，并在以后的1000万年中，继续将物质转移到伴星上去。

现在具有较大质量的恒星在获得质量以后也开始慢慢变老，不过它还能在主序上停留数百万年。而在这段时间里，系统表现出具有大陵五型双星的典型特征：质量较大的星位于主序上几乎没有演化，相反质量较小的星已经离开了主序，并且正好充满了它的允许体积！

在银河系内，人们只观测到发生快速质量交换以前的双星（不相接双星）和质量交换以后的双星（半相接双星）。这是因为质量交换时间比交换以前和交换以后的演化时间短200倍，因此能碰上正好处于这个短时间内的双星的概率也相应地小200倍。唐纳德·莫顿5年前已在他的博士论文中原则上正确地谈到了这一点。

第二对双星的历史——一颗白矮星的诞生

克劳斯·科尔（Klaus Kohl）也是我们这个题目组的成员之一，他也参与了这些计算。我们选择了小质量恒星，让其中一颗星的质量为

1个太阳质量，另一颗为2个太阳质量。两颗星最初的距离为太阳半径的6.6倍。图9-5给出了在赫罗图中的结果。图9-6是以相同尺度表示的图。

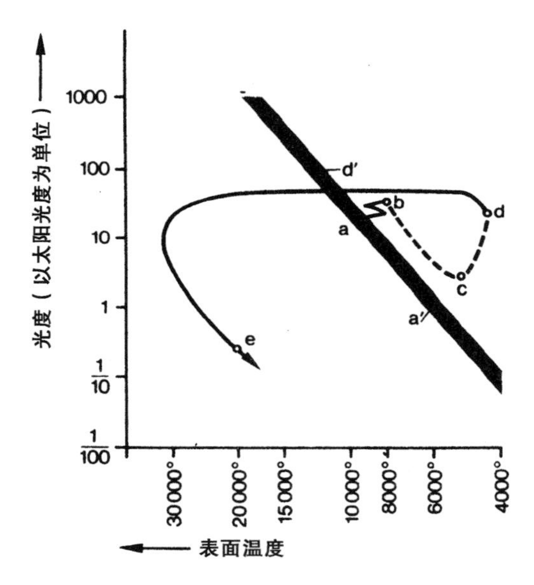

图9-5 一颗白矮星的诞生。质量较大的星（2个太阳质量）由主序上的a点开始，质量为1个太阳质量的另一颗星由a′点开始。质量较大的星先演化，并在b点达到了它的洛希体积。在它不断将质量传给伴星时，它沿着虚线表示的演化程运动，到d点质量交换结束。现在只剩下0.26个太阳质量的恒星，运动到e点变成白矮星。伴星在质量增加的情况下沿着主序运动到d′点。这里还可以和图9-6比较

这里仍然是质量较大的星演化快，并不断增大它的半径。现在双星的距离是这样选择的：只有当主星中心部分的氢全部变成氦以后，即经过5.7亿年以后，它才能膨胀到它的允许体积。和第一对双星的情况基本相似，这时先有一个快速的质量交换过程，总共为500万年。在这期间从主星上大约转移了1个太阳质量的物质到伴星上去。随后又有一个慢速的质量交换过程，总共为1.2亿年。在慢速质量交换结

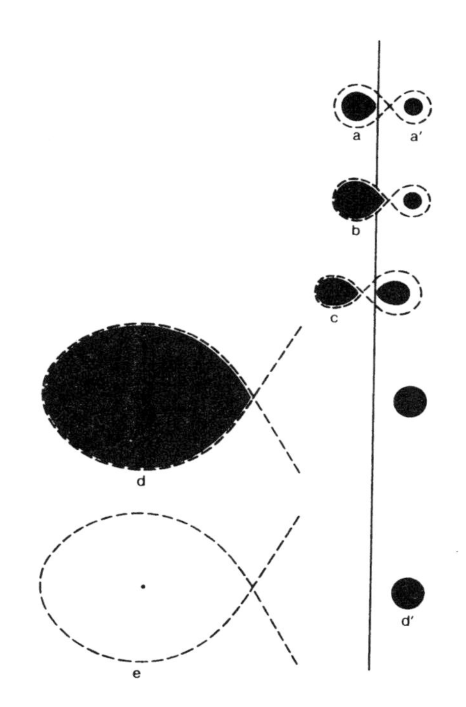

图9-6　图9-5中所描述的演化以同一尺度来表示。图中的字母和图9-5表示的赫罗图中的字母相对应。每颗恒星的最大允许体积（洛希体积）用虚线表示。可以看到，在质量交换过程中两颗星之间的距离可以变化十分显著。两颗星相距越远，则最大允许体积越大。由上往下的直线为双星系统的旋转轴。图的上方开始时是两颗主序星互相围绕运动，但在图的下方结尾时只有一颗主序星（右边）和一颗极小的白矮星（左边）

束时，最初为2个太阳质量的星现在只有0.26个太阳质量，它几乎把含氢丰富的全部外壳丢掉了。过去在它内部深处通过氢的核反应所生成的氦仍然留下，即现在为0.26个太阳质量的恒星的内部是由氦组成的。在氦的外面有一个很厚的外壳，外壳内是含氢丰富的气体，密度很小。在质量损失结束时，这颗星已成为红巨星。这颗巨星的内部情况是无法观测到的，但我们可以通过计算来了解。这颗星的半径几乎为10个太阳半径，它的绝大部分体积属于氢外壳，被稀薄的气体充满；恒星物质的99%都是氦，并且被压缩在一个很小的、半径只有太阳半径的1/20的中心小球内。它就是红巨星中的白矮星。不过它还有一个很大的外壳！质量损失结束后，外壳的膨胀力也消耗完了，它将逐渐落到小氦球上，同时半径大大减小，从外部看越来越像白矮星。在赫罗图中它向左下方运动到白矮星所在的地方。

这中间伴星又怎么样了？通过原来质量较大的恒星的物质损失，使它得到了2−0.26=1.74个太阳质量的物质，再次出现了主星和次星的地位发生交换的现象。现在质量较大的星（2.74个太阳质量）获得质量以后的时间比较短，没有较大的演变，但另一颗星已变成了白矮星。计算结果证实了在同时诞生的一对恒星中，可以形成一颗白矮星和一颗质量较大的、没有演化的主序星。这种情况和人们在天狼星双星中所观测到的一样。

佯谬和困难似乎已经得到解决。双星观测又进一步提供了一个证据，以说明恒星演化理论的基本概念大体上是正确的。

如果观测天空中的许多不相接双星，可以发现它们的质量和距离的关系会使得它们在主星把氢耗尽时，将按照以上所描述的方式发生质量交换，最后产生一颗白矮星。

但这绝不意味着，这里所描述的以产生一颗白矮星为结束的双星历史就一定真实地描述了天狼星双星的历史。这个双星系统的某些特性仍然使人产生怀疑。我们知道，单星也可以通过星风或者是形成行星状星云的方式将外壳去掉而变成白矮星。也许天狼星双星从来就没有发生过质量交换。完全可能出现另一种情况，即质量较大的星自身将它的外壳推到空间中去，其中只有很微小的一部分落到伴星上，而大部分物质飞到宇宙中去了。这样也能够将佯谬解开，因为原来质量较大的星也是由于它的质量大而演化得快，它比现在看到的质量大的星演化得快。无论是哪一种情况，现在质量较小的星实际就是原来质量较大的星。

在新星现象中，双星系统的质量交换也起到一定作用。早在古代人们就知道有强烈光度爆发的这类恒星存在，但一直到1954年以后我们才知道它们可能都是密近双星。

1975年8月29日出现在天鹅座的新星

谁在1975年8月29日——一个星期五的晚上观看了天空，并且又大致认识一些重要的星座，那么他就会发现天鹅座不同往常，那里出现了一颗原来不属于它的星。位于东方的国家会更早地看到它，因为那里天黑得早，这颗星会更早地出现。当黄昏降临到欧洲时，在这里同样有很多人觉察到了这颗高挂在天空中的新星（图9-7）。业余天文爱好者把他们的望远镜取出来，职业天文工作者在天文台中的观测圆顶内忙碌着。是不是从开普勒时代以来人们所期待的事情终于发生了？是不是终于在银河系内爆炸了一颗超新星？我们能不能亲眼看到像蟹状星云超新星情况一样诞生一颗中子星？

今天在天鹅座的这颗星已经是一个不显眼的微弱天体了，只能在

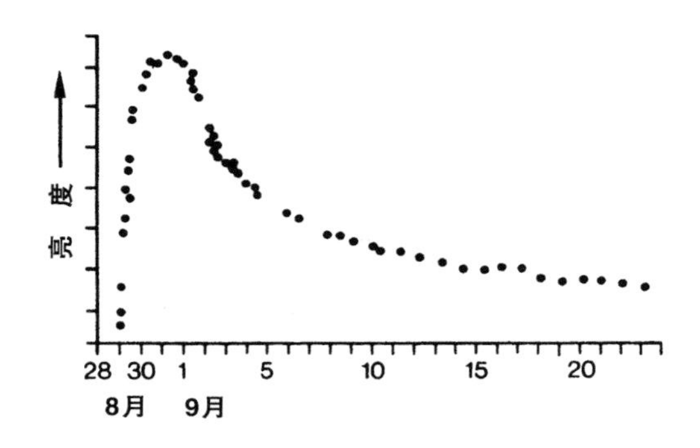

图9-7 1975年8月29日天鹅座新星的光度爆发。图中的点给出了不同时刻观测到的亮度值

望远镜中看到它。它并不是人们长期所期望的星，不是超新星，仅仅是一颗新星。

当人们1909年第一次在仙女座星云中看到两颗星突然亮起来时，才注意到还有一类爆发强度小而且不会造成灾难性后果的新星现象存在。它们比起哈特维希14年前在那个星系中发现的超新星弱1000倍。今天我们知道，它们的能量爆发和在银河系中经常观测到的另一些突然发亮的星的情况相符合。1901年人们曾经在银河系内的英仙座看到了一个特别美丽的现象。

人们把新的突然发亮的星叫作新星。新星和超新星不同，它们要弱得多，因此也比较经常地出现。仅仅在仙女座星系内每年就可以看到20～30次突然发亮。很快人们从过去的天空照相底片上觉察到，在新星出现的地方过去都有一颗星在那里。新星突然发亮以后经过一些年又恢复原来的性质。也就是说恒星只是发生一次强烈的亮度爆发，以后它又回到从前的状态。

后来人们又经常在爆发新星的附近看到一个很小的、显然是在爆发时抛出来的并以很高速度向外膨胀的云。但和超新星的爆炸云不同，它只有很小的质量。恒星并没有爆炸，它只是损失了很少的，也许少于1‰的质量。

1934年的新星

原来在天空看不到的星，突然在1天之内强烈发亮，比原来亮1万倍；在以后的几个月内又不断变暗，经过几年以后就会看不见了。这些星都是什么类型的星？

1934年12月在武仙座出现的新星是它们中很典型的一个。当时它比这个星座中所有其他的星都要亮。1935年4月它的亮度大大降低，后来它又再次稍微变亮一些，但一直低于我们肉眼能看到的极限。今天人们只能用中等望远镜才能看到它。

从这个暗天体可以学到些什么？最主要的是，经过进一步研究后发现爆发的新星是双星系统。这是美国人默尔·F. 沃克（Merle F. Walker）1954年在利克天文台发现的。两颗星以4小时39分的周期相互围绕着运动。由于它们在周期运动中互相掩食，所以，我们可以知道关于它们更多的知识。两星中有一颗是质量为1个太阳质量的白矮星，另一颗质量较小的星是主序星。还有使人更惊奇的是，主序星正好充满了它的允许体积，从它的表面有物质流向白矮星。和大陵五型星类似，这里也是一个半相接双星，并且有气体由一颗星流到另一颗星。不过现在是物质流向白矮星。

我们还知道，物质并不是立即就冲到白矮星上去的。由于整个系统在转动，离心力阻止了这种运动，使流过来的气体物质先集中到一个围绕白矮星转动的环内，物质再从这个环慢慢地落到白矮星上（图9-8）。我们不能直接看到环，但在系统转动时主序星慢慢地运动到环形盘的前面，并一步一步地将它掩食掉。这个掩食的现象表现为系统的总光度的减小，而总光度中又包括了环形盘的贡献。人们不仅研究了环的结构和大小，还知道来自主序星的物质和环相碰撞的地方温度特别高。环上有一个热斑，它出现在来自主序星的气流被阻止住的地方，因为在那里有一部分动能转变为热能。人们还发现，武仙座新星系统中白矮星的亮度是变化的，变化周期为70秒。

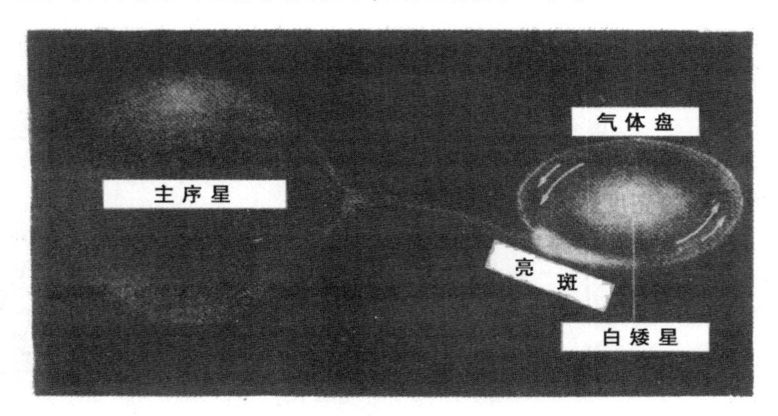

图9-8 在新星的双星系统中，两颗子星沿着箭头互相围绕运动。一颗主序星充满它的最大允许体积，它表面的气体流到白矮星伴星上。物质在达到白矮星以前先在一个盘上转动。白色弯曲的箭头指示出盘内的运动。在主序星的气流与转动盘相碰撞的地方，可以看到一个热的发亮的斑点［根据汉斯·里特尔（Ham Ritter）］

仔细研究每一个爆后新星，人们总是发现它是一个双星系统，并且存在主序星向另一颗白矮星喷射物质的现象，还存在和新星是近亲的所谓矮新星。它们的爆发要弱得多，并且不是有规律地重复发生，但它们也是这种类型的双星。

双星系统中的核爆炸

是什么原因造成在这类双星系统中突然间有大量的能量释放出来，从而使得在很短时间内亮度增大1万倍呢？

正确回答这个问题的思想来源于马丁·史瓦西、现在在利克天文台工作的罗伯特·克拉夫特（Robert Kraft）以及根据皮特罗、吉安诺内（Pietro Giannone，现在罗马天文台工作）和阿尔弗雷德、魏格特20世纪60年代在哥廷根所进行的计算。而理论则是由坦佩城的亚利桑那州立大学的萨姆纳·斯塔尔菲尔德（Surnner Starrfield）以及他的同事们继续完成的。

白矮星的内部仍然很热，足以使氢发生燃烧。当白矮星在一个红巨星的中心区域形成时，那里所有的氢都早已变成了氦，甚至可能氦也变成了碳，所以在白矮星内部不再含有氢。如果有来自邻近的主序星的气体落到白矮星上，那么这些物质必然是含氢较丰富的，它们首先落到较冷的白矮星的表面上。那里的温度太低，不能使氢发生燃烧，于是在表面形成一个由含氢较丰富的物质所组成的覆盖层，并且将随着时间不断地变厚。同时，当覆盖层的底部接触到白矮星的原始物质时，就会使它变热。这样可以使温度一直升高到1000万度，然后发生氢燃烧，并且产生巨大的爆炸，将全部的氢覆盖层抛到宇宙中去。斯塔尔菲尔德和他的同事们能够利用计算机很好地计算出一颗白矮星表面的氢弹，并且似乎能够解释新星现象。

这也能说明某些新星（甚至可能是所有的新星）的重复爆发。如1946年人们在北冕座看到一颗新星，它在1866年就曾经亮过一次。人们还观测到其他几颗爆发过3次和多次的新星（图9-9），这和我们的概念很符合。在爆炸以后本身并没有发生变化的主序星，又继续给白矮星提供含氢丰富的物质，再次在白矮星的表面形成一个能强烈爆炸的覆盖层，并且当氢开始燃烧时再次爆炸。

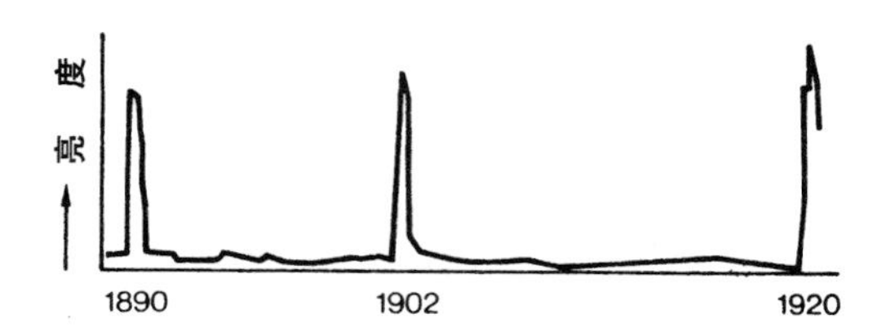

图9-9 罗盘座T新星的爆发以不规则的间隔重复。人们观测到了在1890年、1902年、1920年、1944年、1966年的爆发

直到今天还不能将1975年在天鹅座爆发的新星确认为双星系统[1]。于是天体物理学家们想到，也许单个的白矮星可以将星际介质中的气体吸积到表面上而形成含氢丰富的覆盖层。不过这样的想法也许是错的，也许这个系统先要安静一下，然后才会显示出是双星系统，并且具有其他爆后新星所显示的相同性质。同时也可能有我们还不知道的原因。因为如果我们垂直于双星的轨道平面进行观测，那么既不能看

1.有的天文学家认为已经探明1975年天鹅座新星也是双星，轨道周期为3.35小时。——译者注

到它们互相围绕运动产生的多普勒效应（附录A），也不能通过两颗星的互相掩食而觉察出它们的双星本质。

有物质从一颗星流向另一颗星的密近双星系统给我们带来了一系列新现象。大陵五型星的佯谬以及像天狼星双星的年龄之谜已得到解决。双星给我们造成了新星现象，同时它也可能是造成当前使人激动的天体——X射线双星的原因。

第10章
X射线星

昨天晚上的物理学会——伦琴教授在一片欢呼声中向教授们和将军们做了关于X射线的研究报告……精彩表演一个接着一个，射线穿透了纸张、铁皮、木头、铅块乃至伦琴和柯利克（Köllicker）教授的手……柯利克建议把这一新发现称为“伦琴射线”（暴风雨般的掌声）。伦琴深为感谢。柯利克举杯向伦琴祝贺。48年以来这个学会还没有举行过像这样具有划时代意义的会议。出席会议的人当中还有许多学生和其他听众。

1896年1月24日《弗兰肯人民报》

这一章里所要讲述的恒星，它们发出的能量不是像太阳那样以肉眼可察的波长为主，我们的感觉器官对这些星体的辐射一无所察，直到1895年威廉·康拉德·伦琴在维尔茨堡（Wilhelm Conrad Röntgen）偶然发现它们，人们才知道这种辐射的存在。

宇宙空间居然发出伦琴射线，或者称为X射线，这件事看来有点奇怪。到医疗部门进行身体检查时，人们会看到需要具备何等复杂的技术装置才能产生这种射线。那么宇宙空间的X射线是怎么来的呢？从原理上来看，起作用的是同一种过程。医疗装置中由于高速电子突然受阻而产生这种射线。在自然界，当某种气体被加热到以百万度计的高温，它的电子就以高速运动。当某电子闯进附近某原子核的范围中，其运动在核电场中受阻或发生偏转，就产生和X射线管内同样的辐射。

太阳周围的气体包层日冕的温度大约可达200万度。其中的快速电子和原子核发生碰撞，因此电子时而受阻，时而又加速，由此就产生了X射线。而日冕把X射线发向太空，人们利用卫星就能把它拍摄下来。可见，即使像我们的太阳这样一颗平凡的恒星，也能告诉我们宇宙空间确能产生X射线。不过，太阳的能量只有无足轻重的一部分以X射线的形式发射出来，而X射线星则是天上的点源，其辐射的主要部分处在X射线波长区。虽然人们认识它们的时间还不长，可是，这些年来我们由此学到不少的知识，使它们成为激动人心的天体。

乌呼鲁卫星的故事

来自宇宙空间的X射线并不能穿透地球的大气层，而是被最高层空气吸收掉了。因此，直到人们能把遥控望远镜用气球送上地球大气高层或者用火箭射入外太空时，才诞生了X射线天文学。经过了以太阳为主、观测日冕X射线的早期观测阶段，人们随即又开始去探寻来自宇宙其他方向的X射线。这样就揭开了现代天体物理学的新篇章。

当代科学，特别是实验科学，个人创建伟业的时代已结束了。学者们结成研究组，奔赴各地参加讨论会，既集思广益，又自我提炼雕琢，还要融合作者的见解。这样，一篇论文发表出来，其中只见研究结果，读者很难了解到成果是如何取得的。

关于X射线星的发现史，在这里要讲的只是从X射线天文学发展历程中挑选出来的若干事件以及大批物理学家、天文学家和工程师中的某些代表人物，顺便要提及的还有一家公司。

世界各地的民航机场，几乎都使用复杂装置产生弱X射线来检查旅客的行李。在北美洲，这种设备的主要制造商是AS&E公司，全名叫美国科学与工程研究公司。这家公司于1958年由马丁·安尼斯（Martin Annis）创建，最初主要成员是一部分科研人员。该公司早年曾和美国最著名的工业大学之一的MIT（即麻省理工学院）紧密合作，从事核武器研制。首批X射线卫星的问世正是归功于美国科学与工程研究公司。

意大利人里卡多·嘉可尼（Riccardo Giacconi）获得一份富尔布赖特（Fulbright）奖学金，于1956年来到美国。他以前从事物理研究，擅长宇宙射线测量。1954年他在米兰获博士学位，到美国后，他先在布卢明顿市印第安纳大学，后来又在普林斯顿从事同类工作。有位同事劝他去美国科学与工程研究公司试试，于是他结识了当时已有27人的这家公司的董事长马丁·安尼斯。1959年9月，嘉可尼开始了他在美国科学与工程研究公司的生涯。不久，安尼斯就把他介绍给布鲁诺·罗西（Bruno Rossi）。物理学家罗西早在第二次世界大战前就移居美国，他最初在麻省理工学院任职，曾经和在芝加哥创建世界第一座核反应堆的大科学家恩里科·费米（Enrico Fermi）进行合作研究，当时他除了在麻省理工学院兼职外，还担任美国科学与工程研究公司一个咨询组的主任。关于初次会见著名的罗西先生的情景，嘉可尼后来这样写道："布鲁诺·罗西在他家里和我谈话时强调说，他认为，除了某些其他空间项目外，研究各种天体的X射线是特别值得抓的课题。虽然这方面是个空白，但他相信，对一个完全新的领域进行探索应该会取得成果。我马上去做调查，以了解这方面人们已经掌握的情况。结果只有赫伯特·弗里德曼（Herbert Friedmann）研究了太阳的X射线，别的宇宙X射线源一个也没有找到。"

嘉可尼一面筹划可能的X射线接收设备，一面和别人商讨测量宇宙X射线的可行技术方法。1960年，美国宇航局为第一架X射线望远镜开了绿灯。当时嘉可尼周围已经形成一个小组，在美国科学与工程研究公司从事空间实验研究，它在1961年发展到70人。1962年，19枚火箭与7颗卫星载着小组的实验装置上了天，其中就有一台X射线接收机。实验结果表明发现了并非出自我们跟前的太阳，而是来自银河系深处甚至更遥远所在的宇宙空间X射线。1962年7月，小组在天蝎星座找到第一个点源，发现了第一个X射线星！嘉可尼写道："受到这一成果的鼓舞，弗里德曼和海军研究实验室的科研人员于1963年4月成功地证实了我们的发现。1963年9月我向美国宇航局呈送了一份未来工作计划，汇报了我关于观测X射线需使用一个徐徐自转的新卫星和一架1.2米望远镜的设想。对我来说，在那个年代里一个明确的研究方向业已确立，只消大自然配合来促成这一切。"

1970年12月12日，美国宇航局把嘉可尼小组研制的一颗卫星从肯尼亚海岸发射上天。这天正是1963年肯尼亚宣布为独立国家的独立节，人们就把这颗卫星取名叫乌呼鲁，这个斯瓦希里语单词的含义就是“自由”。图10-1是美国宇航局画家所设想的乌呼鲁卫星在宇宙空间的情景。卫星上的仪器在它的有效期间在天上发现了100多个点源。这项研究成果给里卡多·嘉可尼和他的合作者们在学术界带来了极高的声望，也给东方和西方的天体物理学者出了许多难题；实际上我们还远没有理解乌呼鲁所发现的天体，只是近几年来我们从这些天体了解到不少知识。

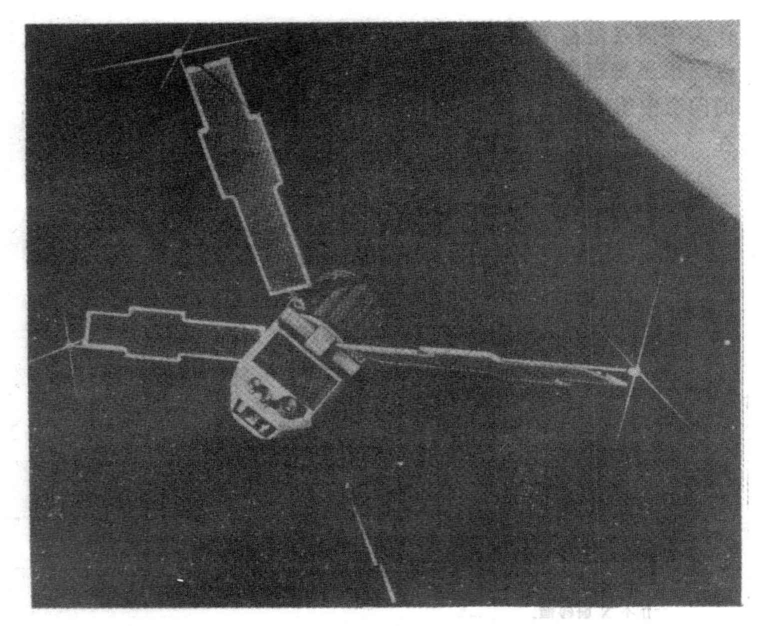

图10-1 乌呼鲁X射线卫星在空间飞行的想象图。4条桨状结构是仪器赖以供能的太阳能电池板。卫星不到10分钟就自转1周，主体中的X射线接收设备不断地扫描天空中的许多带状天区，观测结果由无线电传送到地面（美国宇航局供图）

对于新发现的天体，天文学家总想弄清楚的首要问题，就是它们究竟位于何处。多数情况下，测定这些天体的距离是很困难的，不过往往只要略知数值就解决问题了。比方说，想要搞清楚那些天体是否位于我们银河系内。前面讲脉冲星时我们已经知道如何寻找这个问题的答案，办法就是去查对它们在天上的分布是否和我们银河系中的恒星相同。检验结果见图10-2。图中把乌呼鲁卫星所找到的X射线源画在坐标网格内，中央水平直线代表银河系对称平面。一望而知，X射线源大多数集中在银河附近，恒星密布之处X射线源也较多。不过，即使偏离银河系平面向空中望出去，也能遇到一些，这首先是遥远的星系成团的所在。

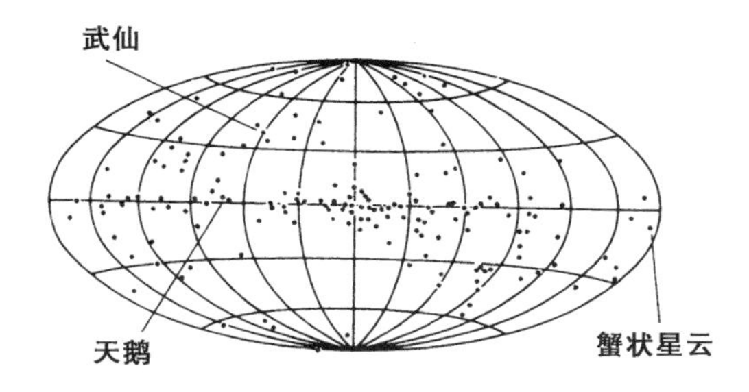

图10-2 由乌呼鲁卫星所发现的X射线源在天上的分布。如同图8-4一样，坐标网的选取仍是把整个天球表现为一个长圆形平面图像，银河沿着中央水平线伸展。在长圆形的中心我们看到的正是银河系圆盘的中心。天上大多数X射线源分布在银河附近，特别是它的中心附近。图中还标出了正文中讲到的几个X射线源

下面谈谈只限于我们银河系内的X射线源。我们已经知道它们大致离开我们多远。平均说来它们的距离和银河系中多数恒星的距离相当，也就是说几千光年那么远。根据我们所接收到的辐射量可以估算出这些天体的原本辐射功率，其结果是，它们在X射线波段的辐射强度大约为太阳全波段辐射强度的1000倍。

武仙座X射线星

这里要讲的第一个对象是乌呼鲁卫星在武仙星座所发现的一个天体，称为武仙X-1。卫星所测到的这一天体的辐射来得可不均匀。实际上接收到的是一批X射线闪光，它们以1.24秒的间隔一个挨着一个传来，如同图10-3所示。

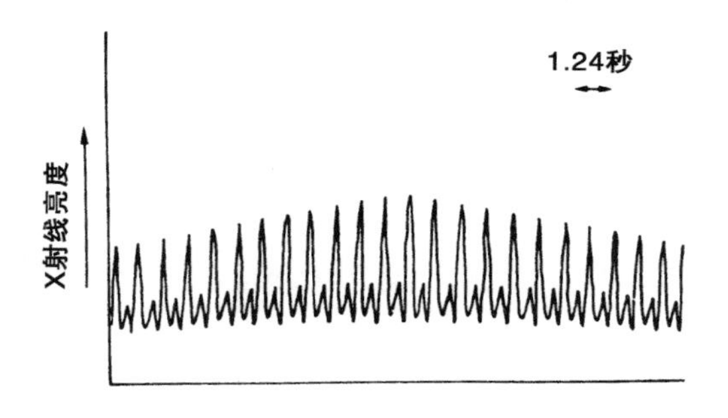

图10-3 乌呼鲁卫星在武仙座发现了一个天体，这是它的一批X射线闪光［据H. 古尔斯基（Gursky）］

可是，相邻两个X射线脉冲的时间间隔并非严格不变。它慢慢变短，接着又变长，这种变化以1.70017天的周期循环反复地进行着，大致如图10-4所示。这种现象似乎反映这个X射线源时而向着我们，时而又背离我们运动，就如同它在围绕另一天体运转那样。我们可以设想有一颗星处在中心，另有一个X射线源沿着圆轨道围绕它运动，轨道周期为1天。假定这个源本身每隔1秒钟发出一道X射线闪光。看了图10-5就会明白，这时观测者应看到脉冲时而稀松、时而紧密的现象，和我们观测武仙座那个X射线源所见情景相同。因此我们断定，那个X射线源是在围绕另一颗星运动，而轨道周期就是1.70017天。

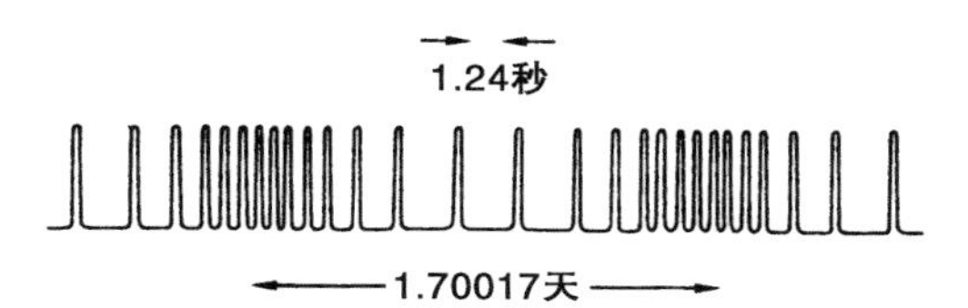

图10-4 武仙X-1的脉冲以1.7天的周期表现出排列疏密的示意图。这种现象揭示了该X射线源是双星的成员

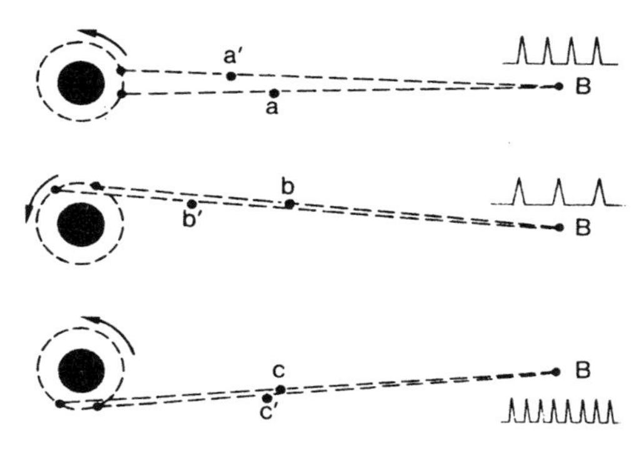

图10-5 圆盘代表一颗星。有一个X射线源沿着圆轨道绕此星运行，并且以1秒钟的间隔不断发出闪光。远方观测者B在测量两次闪光的时间间隔。上方闪光a与a′沿着各自的途径传向观测者。发出a′时X射线源处在轨道上的位置和发出a时不同。这里所画的情况是这两道闪光的传播路程一样长，观测者量得它们的间隔为1秒钟。当中：相隔1秒钟发出的闪光b与b′的传播路程不一样长，后来发出的闪光b′的传播路程较远。观测者接收到这两道闪光，它们的时间间隔大于1秒。下方：紧接在后发出的闪光c′的传播路程较短，观测者看到闪光排密的现象

讲到这里，读者也会往下推想：两颗挨得很近的恒星相互围绕运行，那么从地球上看去它们有时可能相互掩食。大陵五或柱二正是这样而成为我们所见的食变星的。如此看来，如果我们观测到的X射线源是在绕某星运动，它也就可能每公转1周，即每隔1.70017天被该星所掩食，X射线信号就会相应地暂缺。

人们果真测到了武仙X-1的这种现象！图10-6表示乌呼鲁卫星

1972年1月的观测结果：每隔1.70017天X射线脉冲暂缺大约5小时，反映那时X射线源被另一颗星所遮掩！

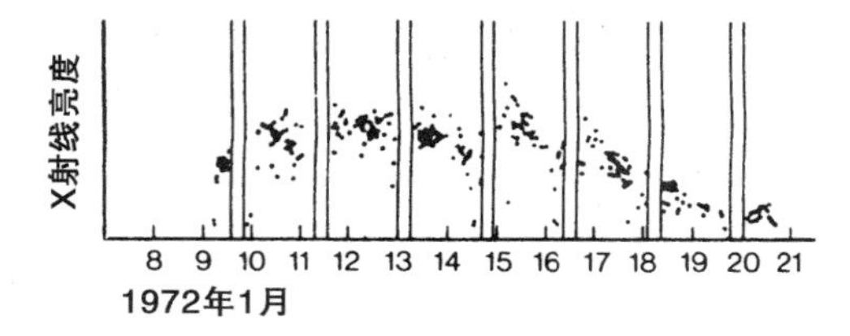

图10-6 武仙X-1这个源在较长一段时间中的特性表现。图中的点子表示用乌呼鲁卫星所测X射线闪光的强度。相邻垂直双线的间隔为1.70017天。X射线源绕某天体公转，每当它被后者所掩食，闪光就暂缺5小时，双线就表示这一时间间隔。至于在1月份脉冲从9日才开始测到，21日以后又消失，这和武仙X射线源的35天循环有关。详见本书正文（据R. 嘉可尼等）

但现实的复杂性还不止于此！这一X射线源并非不断地在发射。它处在“开机”状态的时间为12天，而中断这种1.24秒脉冲开机状态的是掩食造成的5小时空缺，接下来的23天X射线完全消失；再往后，又继续重复这一过程。

看见武仙源

武仙星座中发出X射线脉冲之处都有什么呢？乌呼鲁卫星只能粗略测定该源的位置。读者看图10-7可知，在该天区中包含许多恒星。那么它们之中会不会有一颗是具有特色的奇异星体呢？第一个把人们的注意力引向这样一颗星的是美国天文学家威廉·利勒（William Liller）。从1936年起，这颗星就作为变星载入各种星表。

说到这里，我们又遇上第一次世界大战期间被哈特维希请到斑贝格天文台工作的那个年轻商人——库诺·霍夫迈斯特。1936年，他

图10-7　乌呼鲁卫星找出武仙源的天区。用箭头标出的就是霍夫迈斯特的那颗貌不出众的变星

探查天文底片，在武仙座中发现一颗变星。那时霍夫迈斯特早就获得了博士学位，已经拥有一座部分由私人资金建成的个人所有的天文台，正从事系统巡天以寻找变星。他在世时所发现的变星多达数千个。武仙座的这颗变星看来并不突出，霍夫迈斯特没有能确定它的亮度变化是否符合某种简单规律，例如有无周期性。当他后来再度追查此星时，已经相隔了好几个夜晚，看来它的亮度变化好像完全停止了。于是霍夫迈斯特天体从1936年起默默无闻地被列在一批星表中，名目是变星武仙座HZ。由于此星位置靠近新发现的X射线源，现在它又重新引起人们的极大兴趣。因为那个X射线源的轨道周期显然是1.70017天，人们就要问霍夫迈斯特的这颗星是否会表现同样的周期。1972年夏，约翰和内塔·巴科尔（Neta Bahcall）分析特拉维夫天文台的观测资料，得到的结果是霍夫迈斯特的这颗星的亮度果然精确地按这个周

期在变化。

由此可见，这颗看得到的星和那个X射线源之间存在某种方式的关联。当X射线脉冲暂缺，也就是X射线源处在这颗星背后时，星就变暗。由我们望去，当X射线源在这颗星跟前飞过时，星就变亮（图10-8）。现在人们已经懂得了这种亮度变化的原因。当X射线源位于可见星之前方，此星面向我们的一侧被强烈的X射线所加热，因此从我们这个方向看过去星就变亮；当X射线源绕到这颗星背后时，受到加热作用的是这颗星背向我们的那一侧，我们是看不见的。如果扣除这种加热效应，那么此星就是一颗质量约为太阳的2倍的正常主序星。

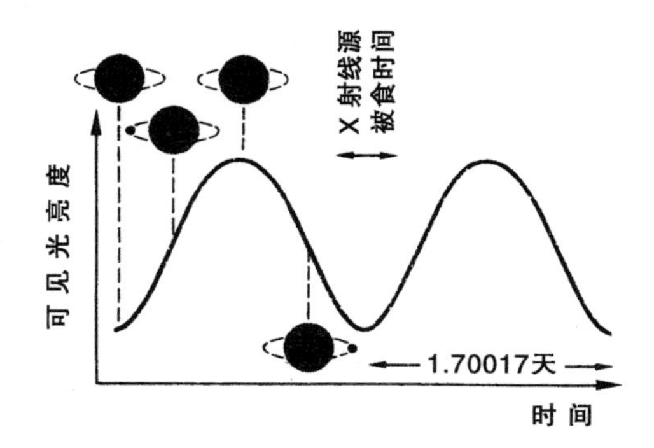

图10-8 霍夫迈斯特变星武仙座HZ规则地变亮又变暗。本图左半部在曲线上方和下方用4个示意小图画出几种情况下观测者所看到的恒星（灰色圆面）和X射线源（黑点）的相对位置。由我们望去，当X射线源处在恒星之前，恒星被X射线源加热的一侧朝向我们，它看来分外明亮。当X射线源位于恒星背后，我们就只看到它“正常的”、没有受到加热的一侧，恒星就显得暗淡

为什么有丰富经验的观测家霍夫迈斯特后来又把他的这颗星认作不变的呢？在查阅了古老的天文底片档案资料后人们知道，这颗星的亮度变化往往停止若干年之久。那么是不是在那种时候它没有受到X射线源的照射？是不是在那些时期武仙X-1也终止了发射？自从乌

呼鲁卫星发现这个射线源以来，武仙HZ星的亮度一直保持以公转周期的节律在变化着。不过，要不了太久，它又会处于长年累月亮度不变的状态，到那时人们会明白这个X射线源的相应性质又将如何。

1983年5月，武仙X-1的X射线突然间几乎全部消失，1984年3月以来它又出现了。可是另一方面，霍夫迈斯特变星武仙HZ的亮度却变化如常。这反映那个X射线源始终处于活动状态。

X射线星是小天体

天鹅星座中的一个源——天鹅X-1，具有与此完全不同的特性。它的X射线强度并无规则脉冲，而且表现为不规则的极为迅速的起伏，此外还有若干月内的变迁。在同一天区有一个变化射电源，它的变化过程和该X射线源的变化非常合拍：X射线源强度变化时射电源也随之改变，射电源平静时X射线源也稳定。这样看来两者很可能是同一天体。近些年来，射电天文学家已经成功研究出可非常精确地测定射电源在天上位置的方法，以致人们对X射线源在天空中的位置掌握到非常精确的地步，实现了把它和一颗可见恒星确切对应起来的目标。这颗星也属于一个双星系统。这并不是说人们能看到那里有两颗星——实际上只看到一颗，而是根据其光谱的多普勒效应表现（附录A）推知这颗星和一颗伴星一起每5.6天绕该双星系统的重心运行一周。伴星大概就是那个X射线星！

有些X射线源可短暂出现，然后消逝。有一个叫半人马X-4的，它的发射时间相当短。这个源曾发出周期为6.7分钟的脉冲，几天之后却隐没无踪。

在人们对宇宙众象的理解图中，X射线源的地位应放在何处呢？它们显然是恒星般的天体；可是一颗恒星怎样才能发出X射线呢？要产生X射线，即使是人们已知的最热恒星的表面温度也显得实在太低了。来自一部分恒星的稀薄高温外层物质的X射线，如同日冕的情况那样，则是太微弱了。

这里所讲的X射线脉冲非常短促。武仙X-1的辐射上升到极大强度要不了0.25秒,天鹅X-1的不规则起伏变化出现在0.01秒以内。

可是在讲脉冲星时我们已经知道，根据亮度变化的快慢可以对辐射发源区的大小做出某种推断。这种方法既适用于光线和无线电辐射，也适用于来自乌呼鲁卫星所发现天体的X射线。

既然我们观测到天鹅X-1在0.01秒内有变化，那么X射线发送区显然不会大于光线在百分之几秒中所传播的距离。它小于10000千米，小于太阳半径的1%，所以这种比太阳辐射更强千倍的东西该是非常小的天体。那个武仙座X射线源突然消失在伴星背后的骤然被食现象也反映出这点。

既然X射线源是很小的天体，人们自然要设想是否白矮星或中子星参与了这种现象。这样我们也就很容易理解X射线的由来了。在本章开头时我们谈到，产生X射线需要几百万度的高温。当物质落向一颗白矮星，或者甚至于一颗中子星时，强大的引力使它以极高的速度撞击星面，运动受阻后很容易产生几百万度的高温。这可算是X射线由来的一种很自然的解释；可是，以高速降到白矮星或中子星上的物质又从何而来？后者的由来莫非是因为X射线星多数是，甚至也许全都是双星的成员吗？如果一颗正常星和一颗白矮星或中子星相互绕着公转，而正常星（像太阳以及许多别的恒星之类）把物质抛入空间，那么这种流离物质会有一部分被那颗伴星的引力所吸引，撞到它的表面上产生高温而发出X射线（参见图10-9）。

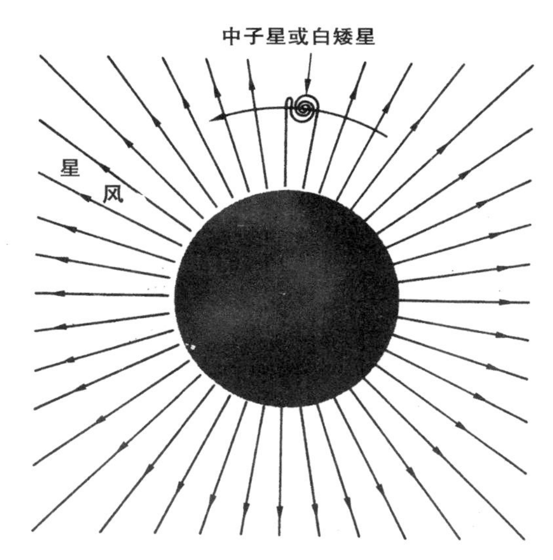

图10-9 双星中产生X射线的一种可能方式。一颗星（在图中心）把星风吹向空间，从主星往外的带箭头线表示物质流向。绕主星运行的一颗中子星或白矮星截住这种外流气体物质的一部分并迫使之以高速落到它的表面上，猛烈撞击使物质加热到发出X射线

一个X射线源的演变史

现在让我们来勾画一个X射线源的草图。它的演变史可能如下：

有两颗质量不同的星长期以来相互围绕着运动（图10-10）。质量较大的一颗星先耗尽了氢储存，本来它会变成红巨星，但是由于物质散失于空间或质量转移给了伴星［图10-10的图（a）］，它却变成了一颗白矮星［图10-10的图（b）］。这时我们看到的是由一颗主序星和一颗白矮星组成的一对双星。到了这颗主序星也用尽了氢原料、胀成红巨星时，它的大小可能会超越它允许的最大体积，致密伴星就会来抓走它的物质，物质冲到致密天体上就产生X射线。要出现这种情况，每年有一亿分之一太阳质量的物质落到一颗白矮星上就足够了。还有一种情况也可设想，就是正常星表面也有星风外流，被那颗白矮星截获一部分而产生X射线［图10-10的图（c）］。

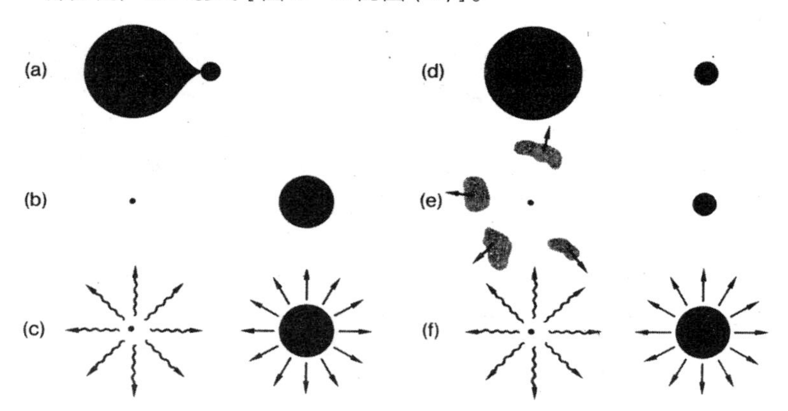

图10-10 导致X射线源的两种可能的双星演化史。左方：两颗质量不同的主序星组成密近双星相互绕着运动。质量较大的一颗星先表现出能源暂缺现象：它本来要变成一颗红巨星，可是它的外层物质深入伴星引力场，伴星吸走了它的大量物质［图（a）］，使它只剩下核心部分而成为一颗白矮星，正像图9-6所画的那样，这里是图（b）。右边那颗这时已变成质量较大的恒星，当它演化到产生星风时，一部分流出的气体落到白矮星上，如同图10-9所画的那样，这里的图（c）表示能够产生X射线（波纹箭头）。右方图（d）表示两颗质量不同的恒星相互绕着运行。质量较大的一颗演化得较快，爆发为超新星。图（e）表示质量较大星的外层物质飞散于空间，剩下一颗中子星，和继续保持为主序星的另一颗星组成双星。图（f）表示这对双星中的主序星演化到气体以星风的形式流散于空间，其中一部分落到中子星上，像图10-9所示那样而产生X射线（波纹箭头）

这使人想起了芎藁增二伴星的演变史。本书前面已经讲过这一情况。围绕芎藁增二运行的那颗白矮星在吸积物质。为什么它不是X射线源呢？也许是由于它离芎藁增二过远而只能吸积从后者流出气体中的很小一部分，这能让它发射可见光而不足以使它呈现为X射线星。

不过也可能在X射线星现象中白矮星根本没有起作用；因为我们可以设想，在一对双星中两星之一经历了一次超新星爆发而炸散［见图10–10的图（d）和图（e）］，留下一颗像蟹状星云中那样的中子星绕着相对无恙地经受住了这场爆发的伴星运转。当这一伴星发出星风或演化到要超越其最大允许体积而把物质转移到这颗中子星去的时候，气体落到后者表面所包含的能量要比白矮星的能量更大，发出的X射线也更强［图10–10的图（f）］。

那么，X射线星的辐射究竟起因于什么——是白矮星还是中子星？我们很快就会明白，有几条足够的依据使当今的天体物理学者更倾向于认为起因是中子星。

脉冲从何而来

讲到这里，读者大概可以接受宇宙源产生X射线的推理了。可是我们还没有弄清楚X射线为什么会是脉冲形式的原因。

我们认为脉冲星的脉冲周期性是来自中子星的自转运动。和多数天体一样，我们所讲的致密天体也可能具有磁场，并且像地球那样，磁轴可能并不和自转轴一致。宇宙物质[1] 横穿磁力线运动很困难，因此双星中的物质只能在两磁极处落到致密天体上，图10－11正是说明这种情况。X射线只能产生在物质落下之处，也就是磁极附近。由于沿着磁轴的方向会被不断落下的物质所吸收，X射线只能在磁轴的两侧外射。一位观测者从遥远的方向去观看，会发现在致密天体的自转过程中，两磁极之一正对向他时X射线总是消失，在其余的时间里X射线就会出现，图10－11就表示这样的现象。

测量中子星的磁场

在讲解脉冲星时我们已经接受了这样的概念，就是它们的射电脉冲是起因于磁场。对付X射线星，我们也只好借助于它。那么中子星的磁场从何而来呢？

宇宙中几乎到处都存在磁场。太阳的普遍磁场和地球磁场大致相同，只是强度约为后者的2倍，太阳黑子内的磁场则要强至千倍以上。在其他的一些恒星也发现了磁场。那么我们可以有几分把握假定，许多恒星都有磁场。

磁场和宇宙物质是相互结合在一起的。一个物体密度增大时，它的磁场密度就会相应增大，磁场变强。当一颗恒星的一部分形成为一颗白矮星时，由于密度大为增高，原有的弱磁场会变成强万倍的新磁场。白矮星中存在这样强的磁场，事实上已得到证实。可是，如果能

---

1. 这里指带电的宇宙物质。—— 译者注

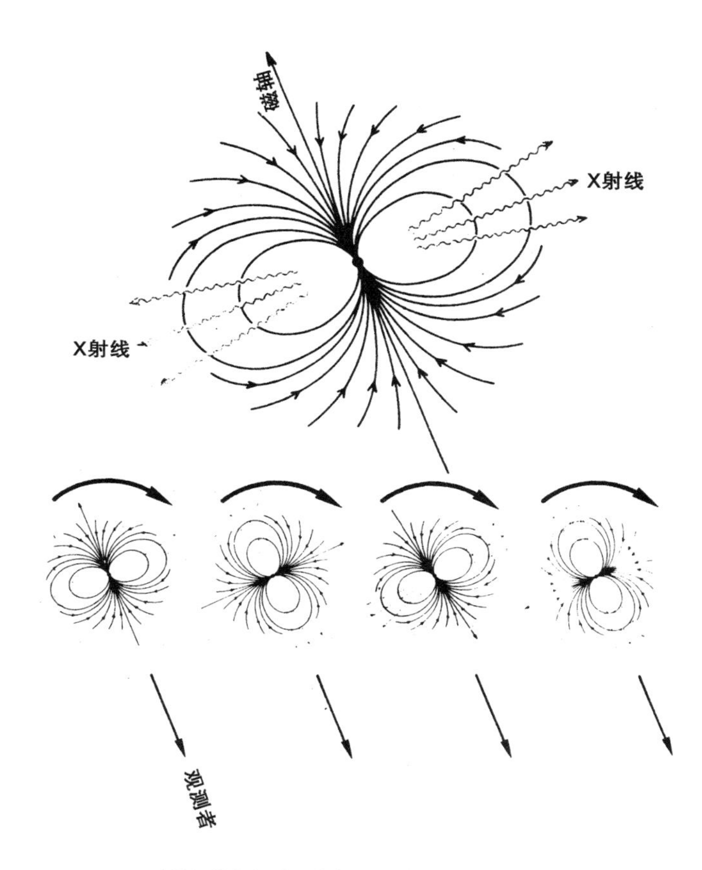

图10-11　X射线闪的产生。物质落向一颗致密星，撞到星面上就产生X射线（本图上方）。如果这颗星具有形式上类似地球情况的磁场，也就是说磁感应线的走向像图中所画的卵形线那样，那么气体物质就只能沿磁感应线按箭头方向落到致密星（图中小黑球）的两磁极上去。贴近磁轴而飞入的物质形成了对X射线不透明的两根"塞子"，使由此产生出来的X射线只能由横侧方向脱身射向空间（带波纹箭头）。当这一整体自转时，一位遥测者可能在每一自转周期内只有两段短时间接收到X射线。本图下半部说明这种情况。其中大黑箭头表示自转方向，设想的遥测者处在右下方向极远的地方，只有当这辐射源转到第二和第四种位置时这位遥测者才接收到X射线（为简化起见，这里假定磁轴和自转轴相互垂直）

把恒星物质再加强压缩，达到中子星那样的密度，那么磁场强度更要猛增，会增大千亿倍。这就是人们推测中子星必然具有如此强大磁场的理由，而且人们果真找到了这样的磁场！

1976年5月2日，一个气球在美国帕勒斯坦升上天空，它所装载的科学测量仪器是由慕尼黑附近加尔兴的马克斯·普朗克地外物理研究所和蒂宾根大学一个小组研制的。

约阿希姆·特吕姆佩所领导的小组已经在X射线研究方面积累了一定的经验，那时他们的主要任务是检验一种新探测器在实际使用中的功能。这台接收设备比乌呼鲁卫星更先进，能测到能量更高的X射线。X射线和光波一样，也是波长越短，每个辐射量子的能量就越大。计量X射线量子的能量最常用的单位是千电子伏（keV）。乌呼鲁卫星接收设备所“看到”的范围是2～10千电子伏，而新接收装置能测到量子能量高于30千电子伏的辐射。1976年春天进行了一次高空观测，对象是武仙X–1，其研究的是高能量辐射的强度。

技术愈高级化，观测者和有关数据的直接接触也愈少。1936年，霍夫迈斯特还能够直观地用他的望远镜去察看、估算武仙座HZ星的亮度，并根据自己的记录立即确定这颗星从上次观测以来是否变亮。如今是把测量数据记录在磁带上并输入计算机，为此必须编出相应的计算程序以读出磁带，进行数据处理。所以不足为奇的是，5月份的观测直到秋天才出来处理结果。这时人们才发现，随着能量的增高而不断变弱的辐射强度却在58千电子伏附近出现一处奇特的尖峰（图10–12）。如果不是特吕姆佩联想到早先他试图解释蟹状星云脉冲星

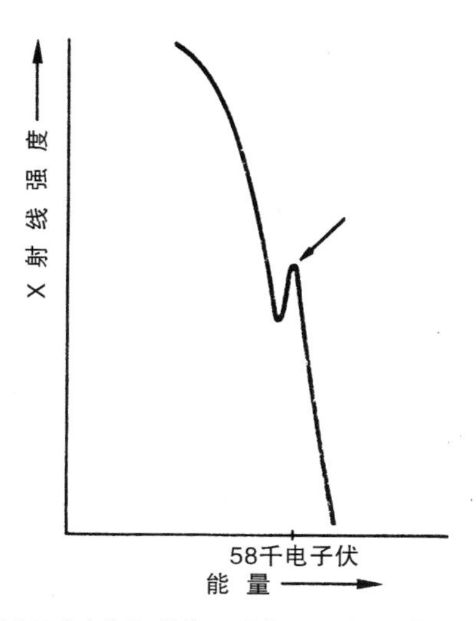

图10-12　武仙X1的高能量X射线。正常情况下，这个源的X射线强度应随能量增高而减弱。但是在58千电子伏附近出现了异常，形似一处向上的尖峰（用箭头标出）。测量如此高能量的辐射相当困难，因此还不能肯定真正的能量分布是否和这个图上所画的情况完全一样

的辐射所做的那些研究工作，也许这个问题会被搁置起来。

武仙X-1的X射线尖峰表明，有特大量的X射线量子以58千电子伏的能量发射出来。我们知道，原子具有吸收以及发射波长为特定数值能量的性质。以氢原子为例，有一个电子绕着带正电的核运转（图10-13）。根据量子物理学，电子只能沿完全确定且可以计算的轨道运行。光线落到这个原子上一般不起什么作用，除非这个光量子的能量恰好等于把这个电子从一个内部轨道提升到一个外部轨道所需的能量，这时原子就吸收这个光量子。如果此后保持这个原子不受外界干扰，经过相当时间后电子就跳回到最里面的轨道上去，把过剩的能量以光量子的形式发射出来。这些量子具有完全确定的能量数值，相

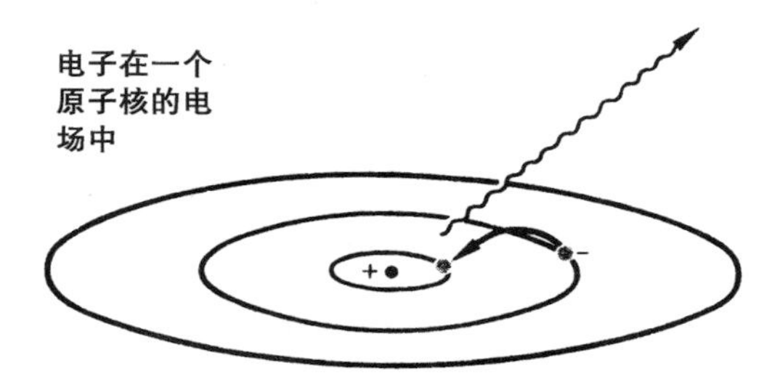

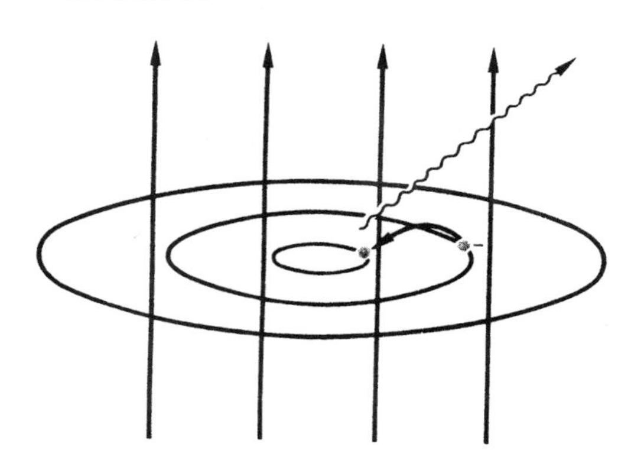

图10-13 上图：一个电子绕着带正电的原子核运转，当电子从一个外部环绕轨道跳到一个内侧轨道时，这个原子就产生辐射（波纹箭头）。这种辐射具有一个完全确定的、由这种原子和这一具体跃迁的特性所决定的能量值。下图：电子在强磁场（后者用纵向直线箭头表示）中就像绕原子核运行的电子那样，只能沿窄小的环绕轨道运行。在这种情况下，当一个电子从一个外侧轨道跃迁到一个内侧轨道时，也发出辐射，其能量和磁场强度有关。人们推测，由于在中子星磁场中电子从一环绕轨道到另一环绕轨道做这样的跃迁，因此形成了如图10-12那样的武仙源X射线强度分布中的尖峰

当于从一个轨道到另一轨道的跃迁所释放的能量大小。

来自武仙源的辐射在一个非常确定的能量值即58千电子伏处清楚地显得特强，但是宇宙中并没有哪一种足够丰富的原子以这一

能量值发出辐射。特吕姆佩试图用苏联物理学家列夫·朗道（Lew Landan）所提出的一种机制来解释这种发射现象。

和这种解释关联的现象是，电子在磁场中会偏转到沿圆形环绕轨道运行的地步。磁场强，轨道就小。磁场异常强时，这种环绕轨道会小到可以和原子中的电子轨道相比。但这时有一条量子力学规则起作用，就是只允许存在定值轨道。电子从外侧轨道跃迁到内侧轨道时发射量子，其能量精确地决定于磁场强度。特吕姆佩和他的同事认为造成武仙源X射线强度曲线上那个尖峰的原因就在于此。如果真是这样，那里的磁场应该比地球磁场强千亿倍以上！这样强的磁场所产生的作用力之巨大，连白矮星的重力也经不住而要被撕碎，因此我们只有得出武仙源是一颗中子星的结论。

所以，在包含武仙源的双星中，X射线起因于中子星。其中原来质量较大的恒星看来在某个时候爆发为超新星而留下了这颗中子星。这已经是很久以前的事了，爆炸现场早就烟消云散。当前，物质从原先质量较小并始终处在主序附近的那颗恒星流到中子星上，当它受磁场引导而撞到磁极上时就发出X射线。同时有一批电子在这磁场中沿着极为微小的环绕轨道运动，当它们从外轨道跃迁到内轨道时，就产生一种附加辐射而形成了那个在58千电子伏处所观测到的尖峰。

自从发射乌呼鲁卫星以来，人们发射了好些个X射线卫星并成功地进行了多次气球实验。X射线天文学的最大难题是一直没有能够制造出X射线照相机。X射线不能用透镜来会聚，除非沿着几乎平行于镜面的方向射来，否则反射镜也不反射X射线。1952年，在基尔工作的物理学家汉斯·沃尔特（Hans Wolter，1911—1978），正是利用这种特性使X射线成像的。1978年11月以来，美国宇航局所发射的卫星装载的一架57厘米口径的X射线望远镜一直在运转着，估计能被这一仪器测知的X射线源有一百多万个。德国第一架口径32厘米的沃尔特望远镜已经由一枚火箭在1979年2月成功地送上了天。

X射线爆发

近些年来，人们还发现了另一种X射线源。它们似乎特别多见于球状星团中。这些X射线源发出形如阵雨的脉冲群，其中每个脉冲尽管往往只历时若干秒，却包含了相当于太阳每星期总共产生的那么多的能量。这种脉冲群没有武仙源的脉冲那样规则，似乎缺乏一个控制时间的自转天体（图10-14）。虽然如此，这种脉冲群还是以相当规则的系列出现。我们有时接收到来自天蝎星座中一个球状星团的阵雨式脉冲群，即使并不遵守精确规律，却也具有40秒钟的循环，一次较强爆发后的宁静时间比一次较弱爆发后的要更长。这类X射线源可能也是物质落到致密天体上造成的；不过，使得这样释放的能量不是均匀地而是像阵雨洒落那样喷射出来的作用过程，看来不同于形成武仙源那种脉冲辐射特性的作用过程。

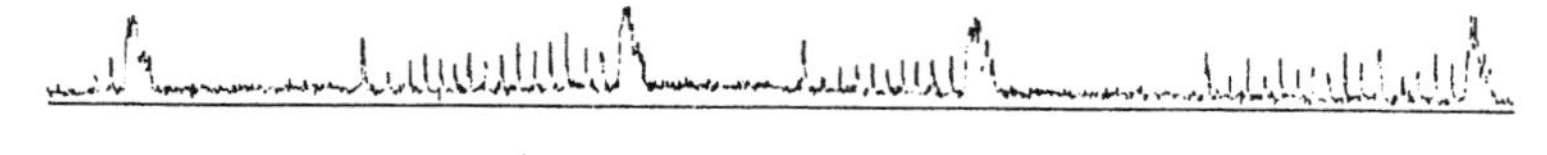

图10-14 MXB 1730-335源的信号来自一个球状星团。而人们对这一星团的注意是由这个X射线源才开始的。每一二十个爆发为一批，一批批的脉冲群像阵雨般地打来，脉冲的强度不等。在特别猛烈的爆发之后，这个源往往需要停息一下才能重新发出脉冲

从第2章我们知道球状星团已到高龄，早就停止孕育恒星。人们曾倾向于把它们看作生机已尽的世界。它们发来的阵雨式脉冲群——X射线爆发，却清楚地告诉我们那里还有活动的迹象。

宇宙中可能存在着许多我们还一无所知的中子星。也许它们全都是超新星爆发遗留下来的产物，不过也许自然界还有我们尚未了解的其他途径让中子星出世。如果不是束缚它们的伴星分出物质喷射它们，使它们活动起来，给我们发来X射线，我们就不知道这些天体的存在。大约在1960年，我在一次演讲中曾请听众设想有一种仪器装置能把来自宇宙空间的全部辐射转化成听得到的声音。除了星光的均匀声和太阳射电的爆发声以外，人们还会听到当时已知的射电源的声音，后者随着这些与整个天穹均匀辐射的天体的出没而涨落。这本来只是一组相当乏味的播音。20年后的今天，我不得不修改这幅图景。如今决定宇宙之声的既有当年已知的辐射，还有从那时以来新发现的各种源。除了均匀的声音外，人们听到许多脉冲星相互重叠的嘀嗒声、耳朵无法分辨出的一个个脉冲的蟹状星云脉冲星的低沉调，穿插其间的有X射线源发出的光束，比如像MXB1730-335。它从一个球状星团中射出能量甚大的一群脉冲，也许是两两相隔10~20秒，停息几分钟后又发出新的脉冲群。宇宙中不仅存在沙沙或呼呼的声响，还有嘀嗒声和击鼓声以及嗡嗡声和卡哒卡哒声。通过想象中的仪器才使我们的耳朵听到的、反映来自宇宙空间辐射的这种喧闹声，其起因可能还是在于中子星。

脉冲星和X射线星是不是为我们揭示了恒星生命的可能结束阶段？现在我们是否知道了一切恒星的结局不是中子星就是白矮星？这两种星体的一条奇异特性使人们推测，还存在第三种可能性需要探究。

第11章
恒星的结局

空中自由而静止地悬浮着一个黑色的圆形物体。实际上，这个东西看起来一点也不像一个球，它给人的印象倒像一处无底洞。是的，这不是别的什么东西，这是一个洞。刹时间刮起一阵狂啸，越来越响，因为厅内的空气正被吸入球中，小纸片、手套、妇女面纱——统统被卷了进去。一个民兵把军刀插进这可怕的洞中，兵器竟然像融化掉似的失踪了。

古斯塔夫·迈林克（Gustav Meyink）

《黑球》，1913年

脉冲星和X射线源告诉我们，自然界存在着中子星。蟹状星云那里的超新星爆发就遗留下一颗中子星。可是1054年的那次爆发是怎样发生的呢？总有一天会在我们银河系内再出现一次超新星[1]，那时我们就有可能查明究竟是什么东西爆炸了；因为我们可以在以前拍摄的天文照相底片上去寻找是哪一颗星在一片烟云中崩散而留下一颗

1. 说到在近处出现一次超新星，恐怕我们要有所戒备才行。纽约哥伦比亚大学的梅尔文·A. 鲁德曼（Melvin A. Ruderman）曾估计说，在大约30光年以内发生超新星爆发会造成致命的后果。由这种爆发射来的高能粒子流将破坏地球大气的臭氧屏障，太阳的紫外辐射将不受阻挡地闯到地球表面，迟早会毁灭地球上的生命。

像陀螺般自转的微小中子星[1]。

在这样的时机尚未来临之前，我们只好局限于推测。我们可以重新认识由计算机所得出的晚期演化恒星的模型，并且提出问题：恒星向其大灾难演变的过程是否可以预测？

大质量恒星的铁心灾变

超过10倍太阳质量的大质量恒星演化得极快。只要几百万年，氢就消耗完了。其后是氦燃烧成为碳，不久碳原子又转化为更重的原子核。所有这些核反应都放出能量，但是这些过程的产能程度一个不如一个。它们必须一个比一个更快地推进，以维持恒星的辐射功率不减。越来越复杂的原子核接踵而生，难道这种过程就没有个尽头吗？

自然界在元素铁处设置了一种极限。我们已经知道，核反应的参与元素越重，产能越少。恒星中的核反应堆到铁原子核就停产了。对于铁原子核，如果人们用恒星中存在的别的原子核去加以熔炼，非但不会产生能量，相反还要为此耗费能量。即使要把它打碎，人们也必须给它输送能量。

这是由于原子核的一种特性所致。重核，例如铀原子核是在裂变时产能，反应所得原子核的质量更接近于较轻元素铁原子核的质量；

1. 1987年2月24日，人们在大麦哲伦云中发现了一颗超新星。虽然它并不处在银河系内，可是它与我们的距离只有哈特维希1885年在仙女座星系中所发现超新星的大约1/10。这一次，人们似乎可能在以前的照相底片上辨认出它在爆发前留下的踪影。由此而来，超新星研究也许就会在近几年内面目一新。

轻核则是在聚变时产能，即所生新核的质量更接近于铁原子核的质量。唯独由铁本身来提取核能是不行的。

当大质量恒星中元素聚变的过程进行到中心区成为气态铁组成的一个球体时，将会发生什么变化呢（图11-1左方）？铁原子核会捕获气体中来回飞驰的电子，铁球就收缩。这是因为其中重力与气体压力本来相互平衡，电子是形成气体压力的主因。当电子被捕获并消失在原子核中时，重力对比气体压力就占上风，直到恒星中心区的气态铁球终于崩陷坍缩。人们推测铁球中的物质积聚到约为太阳质量的1.5倍时就开始了这种演变，它一直持续下去，直到在极高密度条件下各种基本粒子充分挤压，终于使所有的质子和电子都合并成了中子，于是只剩下了中子物质：恒星内部的高密气态铁球变成了中子星。这种事件所释放的惊人能量可能把该星的外壳物质以巨大的速度抛向空间。恒星爆炸了，烟云向各方飞散，当中留下一颗中子星。这颗星以一次超新星爆发结束了它的一生。

在一些地方，像美国芝加哥、利弗莫尔（加利福尼亚州）以及德国慕尼黑，人们试图用计算机探明这种事件。这种计算尽管比那种恒星正常缓变演化阶段的计算要难得多，却特别吸引人，因为人们推测，存在于自然界的许多化学元素会在这种爆炸时所发生的核反应中形成。很可能比氦更重的所有元素都是从前某些时候——不是在恒星平静聚变时期，就是在超新星爆发的短促瞬间——产生出来的。

上面所讲的推理只适用于大质量恒星。小于10倍太阳质量的恒星在聚变过程中绝不会达到铁核心的阶段，它们在此以前就陷入困境，

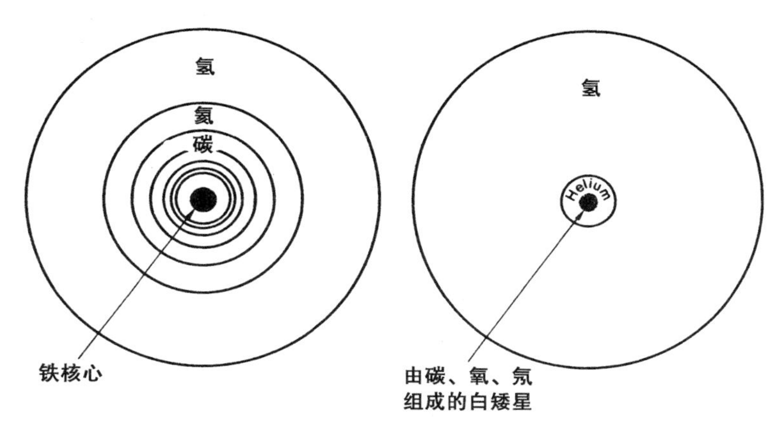

图11-1 超新星爆发前的可能阶段。左方：一颗10倍太阳质量或更重的恒星。在它内部由原来的富氢物质形成了一批重元素，前一种物质现在占了最外层，后者以同心球层的方式一个套一个地往里分布，直到高度压缩的铁蒸气所在的中心区。这种晚期演化星的中心区不稳定，会猛然坍缩，这时所释放的巨大能量会把包围着中心区的外壳物质抛向空间。右方：处在晚期演化阶段的较小质量恒星。它的内部已经形成了一个主要由碳组成，具有白矮星基本特性的核心。这种白矮星的核心的质量由于它表面附近氦转化为碳的反应而在增大，当它达到钱德拉塞卡极限质量时就发生坍缩，释放的能量把外壳物质抛向空间。这两幅图只是示意，它们并非按确切比例画成

这可能使它们也得经历超新星爆发。这种演变的原因就在于它们内部会形成白矮星（第7章讲过），而白矮星具有一种与平衡相关的十分奇特的特性。

白矮星假想实验

人类的生活归功于太阳和地球中的引力与压力平衡。一般情况下人们可以信赖这种平衡。作为一种假想实验，如果把太阳稍加压缩，那么由于其中物质相互挤压，引力就会变大，但是内部的压力也就升高，甚至超过引力，因而会使太阳恢复故态。反之，如果太阳受到某

些干扰，而体积暂时变得稍大，那么膨胀会使引力减小，因为相互吸引的质点之间的距离拉大了一些；然而压力随之降低，比引力更甚，这就会促成太阳回到原状。所以我们说过，人们可以对太阳内的平衡局面放心。科学地说这就是：这种平衡是稳定的。但是并非所有的恒星都处在这样稳定的状态。白矮星虽然也算稳定，但很容易转化为不稳定。

早在人们了解恒星如何演化之前，比人们知道恒星内部氢变为氦的核反应还早好几年，而且是在人类尚未使用计算机模拟恒星以前，就有一位24岁的印度人在英国剑桥解出了反映白矮星结构的方程组。他名叫苏布拉马尼扬·钱德拉塞卡，1910年生于拉合尔。当他还是马德拉斯大学的一个年轻学生时，就已才华出众，他的一篇论文在一次竞赛中得奖，获得的奖品是爱丁顿的名著《恒星的内部结构》。看来这影响了他此后的全部生涯。至今他已经在天体物理学的许多分支领域做出了重要贡献。由于他在白矮星理论方面所取得的成就，1983年钱德拉塞卡荣获了诺贝尔物理学奖。是他指出了白矮星不能由任意多的物质来构成。下面用假想实验的方式来讲讲这件事。

让我们假想自己是某种庞然大物，能够拿恒星来做实验。我们能够轻而易举地从一颗星取出物质并把它注入另一颗星。白矮星天狼B绕天狼A运行，现在就让我们漂浮在天狼这对双星的附近某处。天狼B星质量接近太阳而比太阳小，它的半径只有太阳半径的7‰。假设我们存有大量白矮星物质，并且会慢慢地把这种物质移至这颗白矮星表面上使它的质量增大，我们就会看到它的体积由于质量增大而缩小。当我们注上去的物质多到了使这颗白矮星达到太阳质量的1.33倍时，它的半径就会缩到只有太阳半径的4‰。不管我们加注物质有多么小心，这颗白矮星随着质量的增大而体积缩小的势头越来越猛，内部压力对引力的抗衡能力越来越差。星体继续缩小，可是，由于引力不断增强，一切变得更糟。当其质量大到太阳的1.4倍时，引力终于占了上风，星体失去平衡。这一临界质量称为钱德拉塞卡极限质量。一旦超过这个极限，天体就在几秒钟内崩溃坍缩。原来由电子与氦原子核组成的气体密度增高，我们已知的一种过程随即开始：飞近原子核的电子闯了进去，把其中的质子中和成中子，原子核发生裂变。于是中子构成了坍缩中的物质。同时坍缩速度不断增加，中子以高速射向中心。一直要到星体物质压缩到半径只有大约10千米时，中子气体的压力才会增强到足以抵挡引力，使坍缩止住，星体物质的宏观向心运动停息。这种运动的能量变成辐射外逸，出现一个平衡态天体。既然它主要由中子组成，它就是一颗中子星。

这就是我们的假想实验。我们把物质人为地移到白矮星上，但是这种实验并不是那样彻底地违反自然规律。我们已知白矮星会在红巨星内部形成，构成白矮星的物质业已经历了氢聚变，可能也已经历了氦聚变。这种白矮星的表面附近的氢还在聚变为氦。外围的未耗物质越来越大量地发生氢聚变，可能还有氦聚变，产物不断并入高密度白矮星核心区，使白矮星质量增大。就像我们的假想实验那样，物质一批又一批地添加上去，为白矮星所积聚（图11-1右方）。当它的质量超过太阳的1.4倍时，即它达到钱德拉塞卡极限、行将坍缩成中子星时，究竟会发生什么样的变化呢？

有的学者认为，在这种情况下完全不会产生中子星，因为在此以前有可能发生一次碳爆炸。人们对碳爆炸暂且还知之甚少。假定我们讨论的红巨星的白矮星核心区主要由碳组成，那么早在中子星形成以前，可能等不到白矮星坍缩，碳就点燃，发生爆炸而使整颗星破碎。在这种超新星的爆炸烟云中人们不会找到中子星，由彼处传到我们这里来的不会有什么脉冲星信号。事实上人们既没有能在第谷超新星处，也没有能在开普勒超新星处找到脉冲星，尽管这两处的爆云都比蟹状星云更为年轻。围绕地球运行的人造卫星“爱因斯坦天文台”在仙后星座测得一颗超新星爆发后的残余，爆发于仅仅300年前的这一事件由于吸光尘云的遮挡而没有被人类所注意。爆云之中看来并没有中子星，那里是否就是一颗星发生了碳爆炸而崩毁了？

所有质量较小恒星的结局都是一次碳爆炸吗？当前还没有人能做出确切的回答。也还有另外一种可能，即碳点燃后相当平稳地进行核反应，恒星并不碎裂。那么恒星中心区的白矮星质量会越来越大，直至达到其极限质量而像我们的假想实验那样坍缩成一颗中子星。如同铁心灾变的情形一样，这时所释放的能量用来安排一次超新星爆发将会绰绰有余。也许正是这种过程造就了1054年的中国超新星，进而形成了蟹状星云。它的演变史可能是这样的：

从前有一颗5倍太阳质量的恒星，氢聚变于其中心区；在该处的核燃料耗尽后，它演变成一颗红巨星。后来它的中心部分氦点燃起来，直至耗完，并形成了一个碳中心区。恒星的内部有一碳核被氦核壳层所包围，碳核的物质密度高如白矮星。在氦壳层表面附近，氢聚变为氦，而在氦碳交界面附近氦聚变为碳。作为核心的碳球实质上已是白矮星，它的质量在这样的环境中不断增长，同时红巨星中心区的这个碳球又不断缩小；当它的质量在1054年增长到约为太阳的1.4倍时就发生坍缩，即使碳聚变也不能顶住，巨额能量释放出来，外层物质在这次爆炸中向各方飞散，成为现在还位于该处天空的蟹状星云。至于那颗白矮星，它在1分钟内就已转变为一颗中子星，至今还发射着蟹状星云脉冲星信号。

那么造成超新星爆发的真正原因究竟是这三种可能方式中的哪一种呢？是恒星内部形成的铁核心发生了猛烈坍缩，还是星内的白矮星像恶性肿瘤似的地不断并吞恒星物质，直到跨越临界质量而突然坍缩，还是在白矮星还没有来得及变成中子星之前恒星破碎于碳爆炸呢？

人们在河外星系中观测到两类超新星，亮度爆发情况有所不同，有可能这些现象涉及上面所讲的各种作用过程。也许大质量恒星是由于铁心灾变而爆毁，而1.4～10倍太阳质量的恒星则由于内部增生白矮星，后来因为发生碳爆炸或者形成中子星而崩溃。只有质量不到太阳的1.4倍以及那种发出星风或喷出一个行星状星云、及时解脱过剩质量的恒星，才可能有平静的结局：演变成为没有核反应而保持稳定平衡的白矮星。

中子星假想实验

中子星也不是就没有平衡问题。让我们再来做一次假想实验。蟹状星云脉冲星也许是由1个太阳质量的中子物质所组成。我们就以它为对象，并且假定在一次宇宙空间实验中我们能够小心地把中子物质移到它的表面上，使这颗中子星的质量增加。那么，这颗星的半径又会随着质量的增加而缩小，这种现象就是引力大大超过压力的反映。当这个天体的质量增加到大约有太阳的2倍时，它就会发生迅猛坍缩，需要的时间远远小于1秒钟。是不是还有可能阻止它发生呢？这种坍缩发生后，原来的物质会不会转化成一种新型物质，其压力又足以对抗引力来维持平衡，正像白矮星物质转化为中子物质而建立新平衡那样呢？当今的物理学家认为再也没有什么办法能拯救中子物质免于坍缩。

引力越变越强，要不了多久压力便再也起不了什么作用，这一天体将永久地坍缩了。坍缩体附近的引力十分强大，阿尔伯特·爱因斯坦的广义相对论对自然界的这种特性有所说明。例如，相对论认为引力影响光线的传播。太阳对于擦过日边传到地球来的星光的作用就像一个透镜（图11-2），太阳背后的星场看来稍微放大了一些。不过这种效应非常微小，十分接近我们测量精度的极限，实际上只有在日全食时太阳圆面被月亮所遮，星星出现在白昼天空的情况下才能观测出来。就在这种自然奇景展现的短短几分钟内，人们能够测出光线穿越

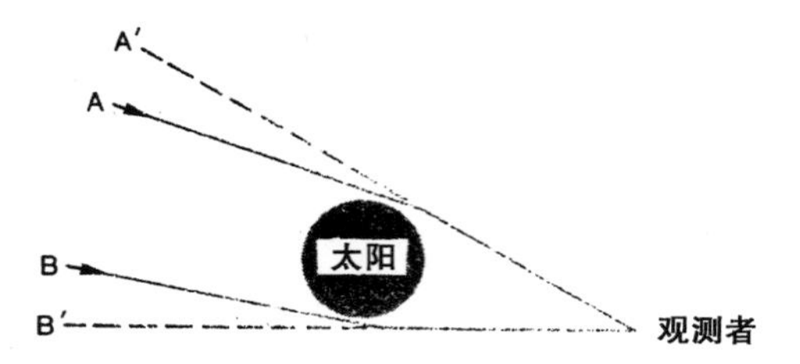

图11-2 太阳引力造成的光线偏转。两颗遥远的恒星朝所有方向发射光线。实线表示两条紧挨太阳而过的光线A与B。太阳引力使光线偏转。观测者由地球上看去，上述两条光线好像来自虚线所示的方向A′与B′。这时这两颗星在天上相互之间的角距，比起另一季节太阳在星空别处而不影响这两星光线视向时，似乎变得更远。太阳引力的作用好像一个放大镜，一年到头在天上奔波，放大其背后的星空（被太阳本身遮掩的那部分除外）。这种效应十分微小，只有在日全食时才能测出来

太阳附近所发生的弯曲，所得的结果是光线的弯曲果真符合相对论的预言。

当我们这颗中子星的物质顶不住强大引力而发生坍缩时，引力使光线偏转的现象就显得突出。让我们来设想，如果我们能够逐步跟踪事态的发展，将会看到什么。起初中子星还处在平衡状态。由于它那强大的引力场，它表面附近的光线弯曲现象就已经可以觉察。由表面斜向上方发出的一条光线开头显然弯了过来，而到了离开强引力区足够远处以后，就沿直线继续奔向宇宙远方［图11–3的图（a）］。

中子星的质量一点一点地增加，内部压力无济于事，坍缩过程开始，引力越来越强。时过不久，光线弯曲的程度变得如此强烈，一条沿切线方向离开它表面的光线要绕它转上好几圈才能逃奔远方。光线越来越难以和引力较量，当这个坍缩着的天体（假定它的质量已达太阳的3倍）小到半径为8.85千米时，就再也没有什么能够离开它的表面往外逃脱了。发出来的每一条光线都被引力拉得那么弯曲，直至转回这个天体为止。这种天体发出的光量子都落了回来，就像地球上人们往上抛石子一样。没有任何光线能把此星蒙难史的信息传递到外界来。这种天体称为黑洞。

黑洞

我们已经知道，充分紧缩到某种程度的天体能使光线不能外逃。第一个测出此事件发生时该天体半径的是卡尔·史瓦西。史瓦西可称得上是20世纪上半叶最伟大的天体物理学家。他曾为天体物理学的

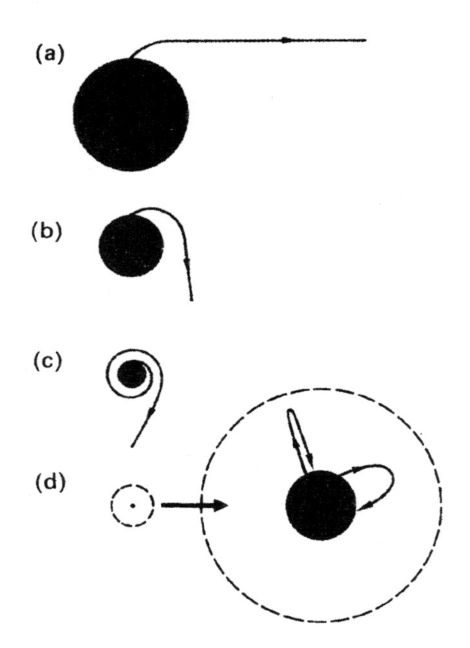

图11-3 正在坍缩的一颗中子星附近光线方向的改变。图(a):中子星发出的光线在星面附近拐弯。图(b):星的半径越小,光线拐弯就越厉害,以致到了图(c)的情况,由表面斜着射出的一条光线要和引力搏斗一场,绕行几圈,方能挣脱此星的束缚。图(d):中子星已经变到比它的史瓦西半径更小,来自它表面的所有光线都只能弯回星上。图(d)的左方小图在这里所画的大小对比图(c)放大了约一倍。因为对比前面的几个阶段,这颗星变得实在太小了,我们把它又再放大,画在右方。虚线圆表示史瓦西半径构成的球界

许多分支学科撰写了指引方向的论文。爱因斯坦推导出广义相对论引力场方程组后,卡尔·史瓦西在去世前不久求出了第一个严格解,其中就包含了黑洞推论。卡尔·史瓦西曾担任哥廷根天文台和波茨坦天文台台长。由于战时当兵落下的病根,他于1916年去世,年仅43岁。史瓦西死后,葬于哥廷根中心公墓。

天体紧缩到光线不能往外逃逸所要求的临界半径称为史瓦西半

径。太阳的这种半径大约为3千米，就是说如果把太阳物质紧缩到半径为此值或更小的一个球内，它的光线就休想往外逃逸了。任何物体的史瓦西半径都可以算出来。质量越小，这种半径也越小。对应于一个人体质量的史瓦西半径实在微小，如果用厘米为单位来表示，就是小数点前面一个零、小数点后面要先来21个零才出得来非零数字。如果把一个人的质量挤紧在如此小的半径范围中，光线就不能由此人逃逸到外界了。

一个天体失落在一个黑洞中绝不是它在宇宙中消灭了。它的引力使它仍旧可以被外界所觉察。光线贴近它就被它捕获，在它周围较远处传越的光线则发生方向变更。它能够用它的引力和别的天体组成力学系统，能够控制住一批行星，还能够和另外一颗星结成一对双星。

说到这里，这些都还是假想实验。自然界存在黑洞吗？我们难以想象真有那么大量的物质落到一个中子星上，使它由于质量增长而垮台。X射线双星中打到中子星上的物质流实在太稀疏，甚至在物质流来源星的毕生期间中子星的质量也不会显著增大。可是我们对于中子星的起源已经知道了多少呢？只是蟹状星云脉冲星是超新星爆发的残余天体。那么我们对超新星爆发又了解到了什么地步呢？外层物质飞掉后留下的质量有时太大，形成不了平衡态中子星而造成一个坍缩着的黑洞，难道就不能发生这样的事情吗？有人强烈地怀疑某些X射线双星，认为其中发出X射线的致密天体不是中子星而是黑洞，从伴星分出来的物质在落入黑洞后还能大幅度升温而发出X射线。由多普勒效应（附录A）可以测知可见星的运动，根据这种运动数据又可以推测该X射线源的质量（附录C）。人们认为，天鹅X-1这个源中的致密天体质量超过太阳的3倍。这就不会是中子星了，那么是一个黑洞吗？然而这一质量测定得并不很可靠。因此，直到如今人们尚未找到存在黑洞的确信无疑的证据。

迄今为止，到科研文献以及报纸里去寻找黑洞，比起到自然界中去搜索所碰到的要多得多。当今流行的做法是，一遇到解释不了的事物就把黑洞请出来帮忙，把当时尚未理解的千差万别的宇宙现象都归因于黑洞。在伦敦一家书店里我看见过一本关于“Black Holes”（黑洞）的书排在神秘学类书架上。显然，这位英国书店老板为现代天体物理学界设身处地着想的能力是高明的。

看起来，一颗星的命运要么是以老老实实冷却的白矮星结束，要么是以中子星结束。后一种情况是，在其最初阶段会发出射电脉冲，而当物质由于某种原因落到它上面时，就表现为X射线星。

一颗星演化到结束时如果剩下质量太多，多到既不能形成白矮星，也不能成为平衡态中子星，那么这种残余天体的下场就是在黑洞里永远地坍缩下去。

恒星的结局是致密天体，其中的物质永远处在一起。不过在此以前它们把一部分质量抛向空中，这就为新一代恒星的诞生准备了物质基础。恒星几乎总要变成致密天体，那么，归根到底恐怕宇宙中的一切物质都要缩聚为冷却中的白矮星、中子星或者黑洞，而围绕它们死气沉沉地运转的则是僵冷的行星。看起来似乎宇宙是在走向枯燥乏味的未来。

第 12 章
恒星是怎样诞生的

专家们想要确知，

星星怎样出世，星星怎样去世。

（1958年德国自然科学家与医生学会举办的一次悬赏征文竞赛收到的一篇得奖论文题头词）

从幼年开始的氢聚变直到老年的恒星演变，我们已经讲了一遍。那么在此之前又是什么呢？恒星的一生经历是这样的，那么恒星又从何而来呢？它们是由什么东西组成，是怎样产生的呢？

既然恒星的寿命有限，那么它们的形成只能发生在有限的年代以前。有什么办法可以使我们了解这种过程呢？我们有没有看见天上某处恒星正在形成？我们就是它们诞生的见证人吗？千亿个恒星组成了我们银河系扁盘，我们能在某些位置发现恒星起源的线索吗？

恒星现在还在诞生

这种线索在我们已有的知识中就能找到。我们知道，大质量恒星，也就是那些质量等于和超过太阳的10倍的恒星，衰老得很快。它们大量挥霍氢原料，在主序上待不长久。所以不论什么时候我们只要看到一颗大质量主序星，就知道它一定还没有衰老。识别它的一个标志是它本身的光度强；由于它的表面温度高，它的光呈蓝色。蓝色高光度星就是这样还在年轻时期的恒星，它们的年龄可能还不到100万年，和已发光几十亿年的太阳相比，这种星的确是年轻。那么想寻找宇宙中不久前产生恒星的所在，就不如以蓝色高光度主序星为向导。人们在哪里能找到它们，哪里就刚刚产生过恒星，甚至有可能现在还在形成恒星。

人们在天上发现了整窝整窝的蓝色高光度星。这种现象有什么特色？它们是在为我们提供恒星如何诞生的线索吗？多数情况下人们看到的那些所在有大量气体和尘埃物质集聚在恒星之间。猎户星云就是这样的所在之一（图12-1，见前面彩图）。埋在其中的有一批年龄不超过100万年的蓝色强光度恒星。在人马星座有许多年轻恒星隐藏在一片厚尘云背后，直到汉斯·埃尔泽塞尔（Hans Elsässer）和他的同行们在卡拉尔山上的德国-西班牙联合天文台用波长较长的红外光去观测，才能穿透尘埃物质拍得照片，对这些新生恒星进行研究。

我们已经知道，星际空间不是空的，而是充满了气体和尘埃物质。这种气体的密度约为每立方厘米一个氢原子，而温度约为-70℃。星际尘埃只有-260℃，这里要冷得多，但是年轻恒星所在处的星际物质并不是这样的。黑暗的尘云遮住了背后的星光。气体云密度达每立方厘米若干万原子，受附近年轻恒星的加热，温度高达10000度而发光。甲酸和乙醇之类的复杂分子以特定波长发出射电辐射。星际物质在这些区域的集中使人猜想恒星是由星际气体形成的。

英国天体物理学家、和爱丁顿同时代的詹姆斯·金斯（James Jeans）所提出的一种论证也支持这种想法。让我们来设想，空间充满了星际气体，每个原子对其他原子都有引力作用，使气体产生紧缩倾向。通常是气体压力使气体免于坍缩。如同恒星内部也是引力和气体压力相互平衡那样，这里的平衡是完全类似的一种局面。如果现在我们来取一定量的星际气体，并假想把它稍加压缩，那么原子与原子相互靠近，引力增大。但同时气体压力也变大，通常比引力的增长更厉害，使得被我们所压缩的气体又膨胀起来而恢复原状。人们常说星际气体是稳定的，可是金斯发现这种稳定性并不那么牢靠。只要同时压缩充分数量的物质，引力就比气体压力增长得更快，气体云就缩小下去。这种倾向只要一开始，自身引力就促使巨量物质的密度同时升高，大约10000倍太阳质量的星际物质一起变成不稳定的。也许这就是为什么人们总是只看到年轻星成批出现的原因。是的，它们总是一下子一大批地降生。在10000倍太阳质量的星际气体与尘埃物质越来越迅猛地坍缩的过程中，部分气体可能会形成较小的云团，它们的密度也分别增大。后来，每个云团各自变成一颗恒星。

计算机表演恒星的诞生

1969年，一位年轻的加拿大天体物理学家理查德·B. 拉森（Richard B. Larson）在他的加州理工学院博士论文中写出了这种变化过程。他的这篇论文后来成为现代天体物理学文献中的一件标准作品。拉森研究了由星际物质形成一颗单独恒星的过程。

拉森设想有一团球状星云的质量和太阳的质量正好相等，他用了一种在当时的条件下尽可能最合理地反映一团气体云坍缩的计算程序探索了它的变化。他的研究起点不是星际物质，而是密度已经大增的一个云团，相当于大规模坍缩物质中的一粒碎屑。因此，可以说这种云团的密度早已超过了星际物质：每立方厘米已达6万个氢原子。拉森初始云团的直径大致为其后将由这团物质形成的恒星的半径的500万倍。接下来的过程发生在一段天体物理上来说极短暂的时间中，也就是50万年内。

这团气体最初是透光的：每粒尘埃不断发出光和热，这种辐射一点也不受周围气体的牵制，而是畅行无阻地传到外空。这种透光的初始模型也就决定了气体球团的今后演变。气体以自由落体的方式落到中心去，于是物质在中心区积聚起来。本来质量均匀分布的一团物质，这时变成越往里密度越大的气体球（参阅图12-2）。这样一来，中心附近的重力加速度越来越大，内部区域物质的运动速度的增长表现得最为突出。开始时几乎所有的氢都结合成氢分子：一对对氢原子彼此结成分子。最初气体的温度很低，总也不见升高，这是因为它仍然太稀薄，一切辐射都能往外穿透而溃缩着的气体球受到的加热作用并不显著。要经过几十万年后，中心区的密度才会变大到使那里的气体对于辐射变得不透明，而在此以前的辐射一直在消耗热量。这么一来，气体球内部的一个小核心就要升温。后者的直径只有那个始终充满向中心下落物质的原气体球的1/250。随着温度的上升，压力也就变大，终于使坍缩过程停了下来。这个特密中心区的半径和木星轨道半径差不多，而它所含的质量只及整个坍缩过程中涉及的全部物质的0.5%。物质不断落到内部小核心上，它所带来的能量在物质撞到核心上的时

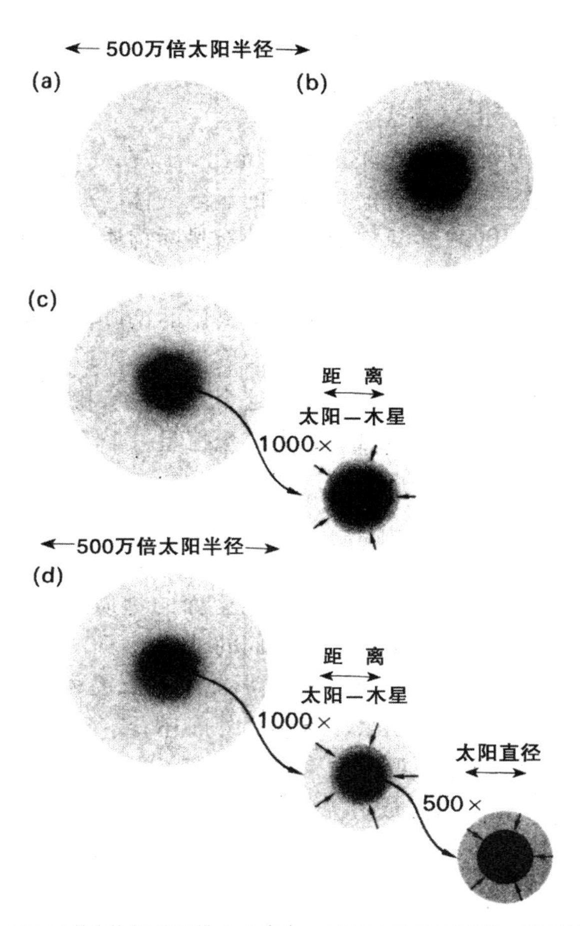

图12-2　拉森的太阳起源模型。图（a）：一团星际气体云开始坍缩，开始时其内部各处的密度都一样。图（b）：390000年后这个云团的中心密度增至百倍。图（c）：这种过程开始后的423000年，在稠密区内部产生了一个暂时并不继续坍缩的热核心，在图中把它加以放大后另行画出。它的密度比初始密度大1000万倍，但质量的主要部分仍旧在于它周围的不断崩坍着的云团物质中。图（d）：核心中的氢分子分解为原子的过程开始后不久，核心再度坍缩而形成一个大小约如太阳的新核心（此图经两次放大画出）。尽管它的质量暂时还很小，久而久之云团的所有物质都要落到它的上面。到那时这个核心的中心区就会热到使其中的氢开始聚变，一颗质量和太阳相同的主序星就此诞生

候又成为辐射而放出。同时核心在缩小，并变得越来越热。

这种过程一直要进行下去，直到温度达到大约2000度为止。这时氢分子开始分解，重新变成原子。这种变化对核心的影响很大。于是，核心再度收缩，直到收缩时释放出的能量把全部的氢都重新变为原子。这样，新产生的核心只比今天的太阳稍大一点。不断向中心跌落的全部外围物质最终都要落到这个核心上，一颗质量和太阳一样的恒星就要由此形成。再往后的演变中，起主导作用的实际上就只有这个核心了。

图12-1所示为猎户星座的发光星云。在一个直径大约15光年的空间范围里所包含的是浓缩的星际气体，那里的物质密度达每立方厘米10000个氢原子。虽然对星际物质来说这是非常高的密度，但猎户星云中的气体比地球上所能制造的最好真空还要稀薄得多。发光气体的总质量估计为太阳的700倍。星云中的气体是受到一批蓝色高光度星的激发而发光的。可以肯定，猎户星云中有诞生才100万年的恒星。在这个星云中所找到的浓缩区使我们可以推断，这些区域目前还在产生恒星。今天我们所看到的这个气体星云的光大约还是日耳曼人民族大迁移[1] 的年代里所发出来的。

因为这样的核心是在逐渐转变为恒星的，因此人们称之为“原恒星”。它的辐射消耗主要由下落到它上面的物质的能量来补充。密度

1. 原书用“民族大迁移”对德国等国读者合适，这里为了我国读者方便而加了“日耳曼人”。此事发生在公元4—8世纪；可见《简明德汉词典》（广东人民出版社，1979）中Völker wanderung一词。——译者注

和温度在升高，原子在丢失它们的外层电子，人们称它们为电离原子。由于落下的气体和尘埃形成了厚厚的外壳包住了它，使它的可见光不能穿透出来，因此人们从外面还看不到多少内幕。原恒星从内部照亮外壳。要到越来越多的下落物质都已经和核心联成一体时，外壳才会变得透光，星体就以可见光突然涌现出来。其余的云团物质还在不断向它落下，它的密度在增大，因而内部温度也往上升，直至中心温度达到1000万度而开始氢聚变。到了这个时候，原来那个质量和太阳相等的坍缩云团就变成了一颗完全正常的主序星：原始太阳，再往后的发展我们已经在本书前面讲过了。

在原恒星时期行将结束、尚未达到主序之前，能量就以对流的方式传送。在登上主序、成为原始太阳之前，太阳物质再一次发生大混合。这样一来，第5章里讲到的太阳的锂含量问题也就可以彻底解决。在混合过程中，这种容易破坏的元素的原子就会往内流入更高温区域，它们等不到星体变成主序星，就会发生图5-3所示的核反应而变成氦原子。

自然界中恒星的诞生

拉森的计算就讲到这里，这套计算包含了用计算机求解问题必须提出的所有理想化假设。那么这里所讲的演变对不对呢？它不仅是计算机表演，而且在自然界也真的发生吗？那么回到天上那些恒星还在诞生的所在地，回去看看那些蓝色强光度的年轻恒星吧！让我们在那里寻找恒星起源的痕迹，查访拉森计算所揭示的天体。

蓝色强光度恒星非常热，它们的表面温度达35000度左右，因此它们发出的辐射能量非常大。它们的光量子能夺走星际物质中氢原子的电子，只剩下带正电的原子核，也就是电离氢。强光度、大质量恒星使附近的气体物质电离。电离氢原子捕获电子时发出辐射，这样所产生的亮光使我们银河系中的这些电离氢区引起人们的注意。它们的热辐射也可以用射电天文仪器测出来。

射电观测有个优点，就是不受吸光尘埃物质的影响。在天上，星际物质受强光度、大质量恒星激发而放光的最漂亮实例还得数猎户座星云（图12–1）。那里有没有和拉森的计算结果相关联的对象呢？人们应该去寻找什么？原恒星大部分时间被缓慢地落向它自身的尘埃外壳所遮盖。外壳上的尘埃物质吸收来自核心的辐射而获得能量，升温几百度，发出和这种温度状态相应的辐射。要找出这种热辐射，人们应当致力于红外波段的研究。

1967年，帕萨迪纳市加利福尼亚理工学院的埃里克·贝克林（Eric Becklin）和格里·诺伊格鲍尔（Gerry Neugebauer）在猎户座星云中发现了一颗红外星，它的本身光度约为太阳的1000倍，辐射温度为700度。它的直径也许有太阳直径的1000倍左右。这可算得上是一颗原恒星的气体尘埃外壳模样了。近些年来人们越来越清楚地了解到，在银河系中产生恒星的场所，不仅有红外源而且还有射电波段致密辐射源。波恩的射电天文学家彼得·梅茨格尔（Peter Mezger）和他的合作研究人员就曾在猎户星云中发现一批氢元素高度密集的区域。这些区域在发出特强的射电辐射，其中每立方厘米所包含的由氢原子中脱离出来的自由电子数比附近的一般猎户星云物质大致要多百倍。这种天体比起整个猎户星云来是非常微小的，据估计，其大小约相当于太阳直径的50万倍，也就是大约为拉森模型中落向核心的云团大小的1/4。

人们在猎户星云区还发现了直径很小的，发出分子辐射，特别是水分子辐射的天体。这些分子的辐射处在射电波段，可以用射电望远镜观测到。它们也都处在很小的空间范围中，甚至只有太阳直径的1000倍。值得注意的是，拉森云团的初始直径有太阳半径的几百万倍！分子的射电辐射应该是来自核心区域。

不过，在解释这个问题时还应认真谨慎。能够肯定的答案是，人们在猎户星云区观测到了由高度密集的气体和尘埃所组成的天体，尽管它们在可见光波段并不引人注目，但其情况正好和拉森云团所应有的一样。

不过，还有其他的论据支持这种密集物质射电源兼红外源就是原恒星的想法。不久前，在我们这个研究所里的一个以奥地利天文学家维尔纳·恰努特为主的小组改进了方法，重复了拉森的计算。这些学者还计算了红外波段中辐射强度随波长的分布，所得结果和观测相符，人们似乎真的观测到了计算机所模拟的原恒星。

既然我们对恒星起源的推测胜利在望，人们会问，是不是银河系中千亿恒星的起源全都可以这样来解释。图12-3概括地画出了我们这个恒星系统的结构。银河系圆盘并不包括一切恒星。最老的星散布在一个几乎是球状的空间范围里，叫作银晕。由其中的球状星团的赫罗图可以推知银晕恒星已届老年，它们的化学成分比起太阳来，重于氦的元素含量较少，往往还不及太阳的1/10。比较年轻的恒星全都位于银河系圆盘即银盘中，它们的物质包含重元素较多。重于氦的元素，即使在银盘恒星中也只占极少的百分比，然而它却为我们探明银河系的演变史提供了重要的线索。氢和氦从宇宙之始就已经存在，在某种意义上可以说是上帝安排的。重元素则肯定是后来在恒星中以及超新星爆发过程中产生的。可见银晕恒星和银盘恒星的化学成分差异和恒星中的核反应情况有关。

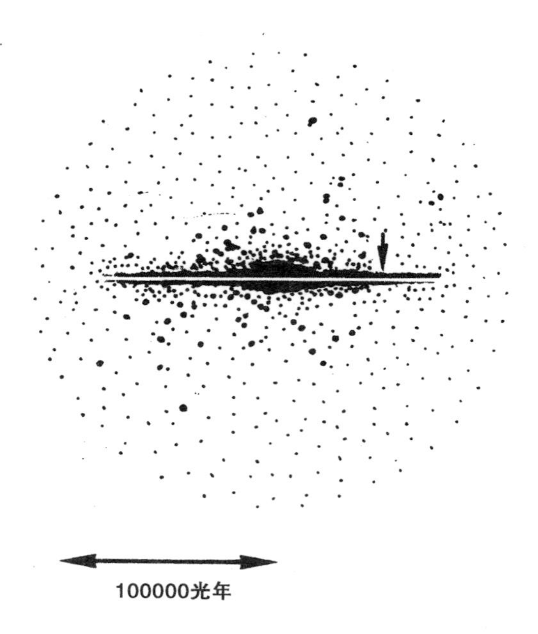

图12-3 银河系结构示意图。大多数恒星都处在一个扁扁的圆盘中，在本图中给出的是这个圆盘的侧面。箭头指出太阳的位置。白色中心长条表示吸光的尘埃物质。球状星团（粗点子）和非常年老的恒星（细点子）组成银晕。银晕恒星诞生于很久以前。尘埃物质把中心平面包围起来，而当前还在产生恒星的场所就局限于紧靠中心平面之处

在银河系刚形成之时或其后不久，银晕恒星便由几乎不包含重元素的物质中诞生出来。其中的大质量星演化得最快，它们所产生的超新星使星际气体沾染了重元素。可是这一代恒星中的小质量星却演化得非常缓慢，以致它们的外层物质（以及它们之中的大多数星的中心区域）当前仍不包含重元素。在银晕恒星已经形成，其中质量较大的已经爆炸后，新一代恒星又从新增重元素的星际气体中产生出来。这些恒星诞生在银晕恒星之后，相对年轻，而它们的外层物质比银晕恒星的大气所包含重元素的比例要高。这就是为什么银河系中老一代恒星包含重元素比年轻一代恒星要少的原因。最新一代恒星的外层重元素含量最高，这是因为孕育它们的星际物质在银河系的演变史中经历了以前所有各代恒星所造成的沾染。

那么，为什么含重元素贫乏的年老恒星出现在银晕中，而含重元素丰富的恒星则出现在银盘中呢？当前，人们相信自己对银河系结构的规律是了解的。为此我们要重温一下学生时代的一章物理课内容。

角动量和坍缩云

几条“守恒定律”大大简化了人们对物理世界的描述。在日常生活中人们反复不断地运用着这些定律而并不自觉。我们都记得在中学里所学过的质量守恒定律和能量守恒定律。这两条定律我们天天在用。我们大家都知道一个生动的应用实例。一位花样滑冰女运动员以脚尖着地旋转时，起先她伸展双臂转得很慢；当她收拢双臂时，不需外力之助就转得快了起来。这就是角动量守恒的结果。从冰上舞蹈家旋转而考虑一团自转云，虽然优美度稍逊，却是条理清楚。这个云团可能

1000万年自转1周。当它坍缩到直径为原来的1/10时，它的自转就加快100倍，也就是自转一周只要10万年。再小下去，转得还要更快。粗略地说，一团近似地取为球状的星际云在坍缩过程中，单位时间内的转数和表面积相乘等于常数，即云团越小转得越快。

但是离心力也就越来越大，在自转云赤道区它和引力对抗，使坍缩着的云团变成扁形。这不仅影响单独恒星的诞生，而且也和银河系的起源有关。

探查银河系的演变史

银河系从何而生，我们还不知道。在宇宙初期就产生并向各方飞散的物质中，一定是在某个时候形成了一个质量约为太阳的千亿倍的分立云团，而且后来密度变得更大。这团由湍动物质逐步成形的气体和一切物质一样，同时也产生了自转运动。它慢慢坍缩，密度变大到足以产生一批次级云团，而后者又分裂成更小的、密度继续增高的许多气体云。最早的恒星诞生了。它们只包含氢和氦，以质子-质子反应进行氢聚变。但是要不了多久，其中质量最大的那些星的核燃料就会耗尽，成为超新星而爆散，大量气体物质中从此新添了比氦更重的元素。因为这一切都发生在整个原始银河系云团还几乎是球形的时期[图12-4的图(a)]，所以银河系中最老的恒星和极老的星团都处在银晕中。早在银河系呈现圆盘形以前，远在太阳诞生以前，银晕恒星就已出世了。重元素在这些星中还只是相当稀少的杂质。

但是演变在继续推进。星际气体中的重元素不断增多，并且沉积在已经演化恒星所抛出的凝聚核上而形成尘埃颗粒。不久以后，自转运动明显了，密度继续增大的气体尘埃物质撇开球状银晕中那些早已诞生的恒星和星团而渐渐形成一个越来越扁的东西［图12–4的图（c）］。于是新生恒星的场所只剩下这个越来越扁的透镜状区域，而形成它们的物质的重元素含量越来越丰富。当最近期恒星终于在银盘中诞生出来时，大部分星际气体已经耗尽。恒星起源的第一阶段结束了。

奥林·J. 埃根（Olin J. Eggen）、唐纳德·林登–贝尔（Donald LyndenBell）和艾伦·R. 桑德奇1962年在美国加利福尼亚州帕萨迪纳提出了关于银河系如何形成的宏伟总体图。从那时以来虽然已经过去了20多年，但是它对人们的吸引力和当年相比仍然毫不逊色，因为它能够说明银河系的主要特点：最老的恒星位于球对称形状的银晕中，重元素贫乏；最年轻的恒星目前诞生在一个薄盘中，因为只有那里还有星际气体。

我们所处的这一恒星系统之所以成为一个圆盘，是由于孕育银河系的云团始终包含角动量。我们看到天上有一条银河，也要归因于这种角动量。

恒星的形成是什么引起的

当前，是什么原因使得星际物质在银盘内某些场所密聚而形成恒星？为什么银河系中的别处没有恒星诞生？从宇宙空间远处看来，银河系有点像仙女座星云：旋涡结构明显的一个扁盘（图0–1），别的恒星系统中有的旋涡结构比它要明显很多（图0–2）。遥远恒星系统的

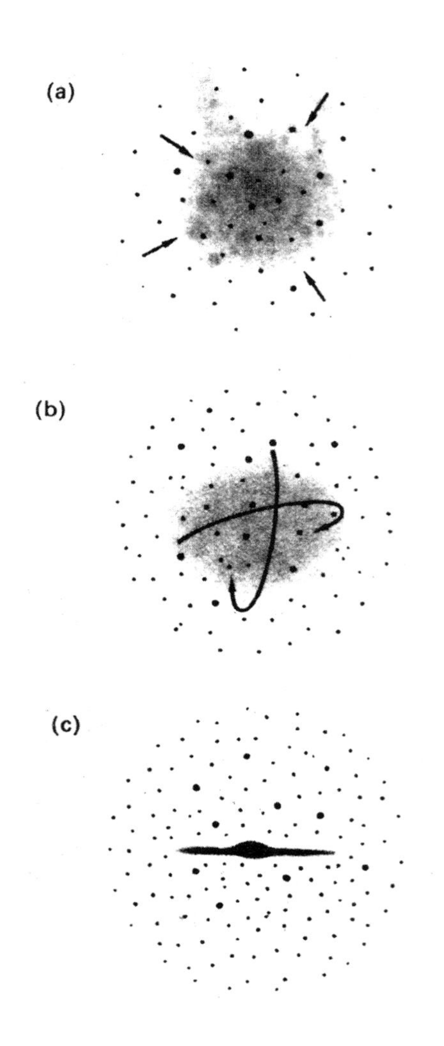

图12-4 银河系起源示意图。大约百亿年前，宇宙原始物质中分离出一个独立云团，它受到自身的引力而发生坍缩。随着密度的增大，形成了最早的恒星（细点子）和球状星团［图（a）中的粗点子］。这些天体现在还布满在它们诞生时所处的球形空间范围中，它们绕银河系中心运行的轨道就像图（b）中用曲线画出的那种类型。大质量恒星演化迅速，把含有重元素的物质送回广大气体中，使这种气体能产生出新的、含有重元素的恒星来。随着气体密度的增大，自转的作用变得显著了，气体形成了一个圆盘。在这个银盘中直到今天还在继续产生恒星［图（c）］。这张示意图说明银河系的空间结构和银晕天体与银盘恒星的化学成分差异

图片上旋臂之所以显得突出，是因为其中电离氢受激而发光。但是我们由猎户星云已经知道，氢是被强光度大质量主序星所电离的。所以，旋臂就是年轻恒星所在之处，也就是恒星正在诞生的场所。在银河系

中，年轻恒星也正是密密麻麻沿着旋臂分布的。

另一方面，应用射电天文方法，人们已经能够把银河系中星际气体的分布探查得非常确切；人们发现，旋臂区的气体密度比银盘其他各处更高。结果是：旋臂是气体密度较高的所在，同时也是年轻恒星集中的所在。问题是：使得星系看起来好像滚动火轮的旋臂结构又从何而来？

对旋臂的了解是长期以来的特殊难题，直到现在人们也还没有把有关的现象完全认识清楚。恒星系统在自转，测量了它们的自转速度（附录A），人们了解到它们并不是像刚体那样自转，而是越往外自转速度越慢，星系中靠近内心的区域自转1周需时较短。

乍看起来，星系出现旋臂结构似乎不足为怪。就连一杯咖啡加牛奶，搅拌起来也会出旋臂式的花样，这是因为离中心不同距离的液体转速不同。因此人们就会推想，不管一个星系的初始结构怎么样，由于转速不同，转到后来都要变成旋臂模样。

卡尔·弗里德里希·冯·魏茨泽克说过，即使当初银河系长得就像一头牛一样，如今也会展现旋臂。若干年前我们在哥廷根对冯·魏茨泽克所提的牛状银河系做了试探性计算，直到不久前还在汉堡任教的阿尔弗雷德·倍尔（A1fred Behr）当时向我们提供了帮助。得到的结果画在图12-5中：大多数恒星还没有来得及绕中心转满1圈，牛状星系竟然化为一幅绝美的旋涡星系，可惜多出了一个挂钩。

图12-5 银河系并不像刚体那样自转。于是，由任意一种初始结构出发，转上1亿年后都会形成一种旋臂花样。不过对于星系的旋臂结构并不能这样来解释

从随意决定的初始结构到形成旋臂图样，要不了1亿年，但银河系的年龄比这要大百倍。那么初始结构那么多次所形成的旋臂早就该套叠卷紧到惊人的地步，在中心周围缠绕百圈以上的旋臂应该形成了像密纹唱片那样的密纹，但是人们并没有观测到这样的情况。像图0-2那样，星系的旋臂并非上百层缠绕，所以它们并不可能是初始结构的残余。既然实测到的旋涡星系没有哪一个表现一套极细密的旋臂，我们只好认为旋臂并不是套叠卷紧的。可是组成它们的恒星和气体都参与缠绕自转运动，这个难题又怎样解释呢？

只有一个办法，一定要放弃旋臂似乎总是由同一批物质组成的那种概念，可以设想恒星和气体横穿旋臂穿越过去。虽然恒星和气体参与星系的自转运动，但旋臂本身只是反映恒星和气体暂时正在穿越过去的一种特殊状态。

在我们的日常生活中就可以举出类似的现象。一股气体火焰也并非总是由同一物质所组成，它只不过是经由它流过的一束气流的一段特定状态，而气流的分子之间在火焰里发生着一种特定的化学反应。那么旋臂无非就是自转着的星系圆盘中大规模迁移的恒星流与气体流达到某种特定状态的所在，是星系全部物质的引力特性在维持着这种特定状态。下面就来谈谈这个问题。

旋臂究竟是什么

自然界的流动过程往往造成规则的形象。风和水相互作用引起澎湃的波涛，以均匀的节奏拍击海滩，平坦沙滩近旁的海底表现出规则的波纹；把不同密度和温度的几种液体小心地混合，也往往出现各种图形；可可凉下来的时候，表面形成规则的花样。

在引力和离心力相互作用的支配下，在一个圆盘里围绕公共中心运转的群星，也表现出构成图样的倾向。

让我们来设想一下，大量恒星聚集在一个旋转圆盘里，那么离心力和引力在圆盘的一切场所都保持相互平衡，但一般情况下这种平衡是不稳定的。只要某一处包含的星数偶然过密，它们就会更进一步相互吸引，就像星际气体的不稳定状态导致恒星的诞生那样。不过在这样的情况下，还有离心力这一重要因素，因此，演变过程也就比较复杂。我们不妨用计算机来模拟求解。图12-6是用计算机所得20万颗星在一个旋转圆盘中的运动情况。恒星构成了一套旋臂！因为包含的恒星并非一成不变，所以旋臂不会卷成一团。恒星一批批地流过旋臂！当恒星沿着它们的类似圆形的轨道飞进一条旋臂时，它们就彼此挤紧；当它们离开旋臂而去时，它们就彼此松开。所以说，正像火焰是气体分子发生化学反应的地方那样，旋臂是恒星相互挨紧的场所。

旋臂中单位体积的恒星数量比圆盘中其他处要多。这一点在图12-6中看得很清楚。而在真实的星系中这类稠密区却小得很难观测出来。幸好，和恒星一样参与星系自转的星际物质在穿经旋臂时密度也增高了！这样的密度升高也就为恒星的诞生创造了所需的条件，所以旋臂成了恒星诞生的所在，新生恒星中的大质量强光度蓝星则激发近处的气体使之放光。使旋臂成为触目壮观的不是密集紧挨的群星，而是发射强光的氢云。

我们已经结识了猎犬星座中的那个星系，图0-2是它的照片。我们还要通过它进一步了解恒星在旋臂中形成的情况。我们遥遥望见这个星系夹在我们生活的这个星系的一批近星之间发着微弱的光。它的光线要跋涉1200万年才能进入我们的望远镜。因为我们可以说是从上往下观望这一星系，也就是视线方向垂直于它的圆盘面，所以看到的旋臂分外动人。

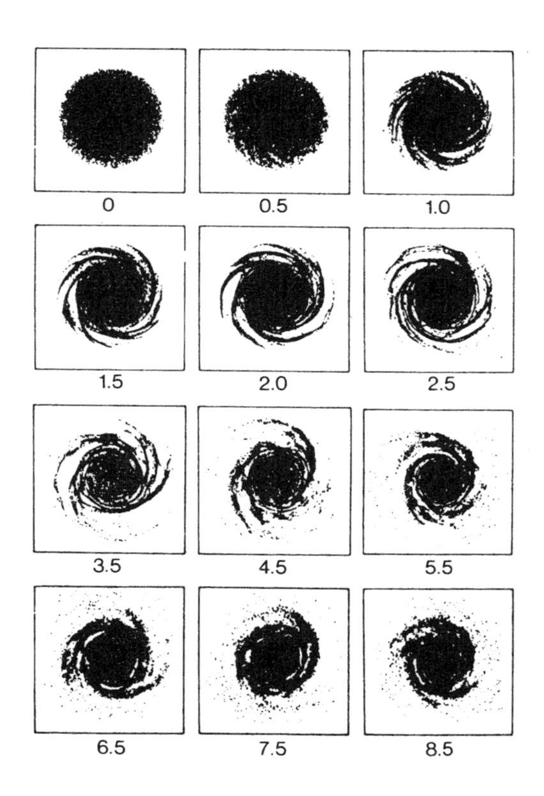

图12-6 表演银河系中恒星运动的一种简化计算模型。20万颗星围绕一个扁盘的中心运动。这里画的是从上往下看扁盘的俯视图，每张小图下面的数字表示从第一小图的初始分布起所经历的时间，其单位为转1圈所需平均时间。所以从第一到第三小图，经历的正好是银河系平均自转1周的时间。旋臂结构很快就显现出来。由时间数字4.5和5.5的两张小图中的最上方旋臂可知旋臂是群星流过之处，即在不同时间由不同的恒星组成。从这两张小图还可看出后一小图的那条旋臂如何从前一小图的最上方旋臂演变过来。这两张小图的相应旋臂对比起来只转过了相当小的一个角度，而在同样这段时间里群星却绕着中心运行了一整圈。本图是美国天文学家弗兰克·霍尔（Frank Hohl）在美国弗吉尼亚州汉普顿的美国宇航局兰利（Langley）中心所进行计算的结果

猎犬座星系中恒星的诞生

从猎犬座星系传来了射电辐射。可能是在以前的超新星爆发中获得巨大速度的电子，在运动中流过这星系而发出无线电波。人们用高灵敏度射电望远镜不仅能接收到这种信号，甚至还能区分这个星系哪些部位发出射电辐射较强，哪些部位较弱。1971年，射电天文学家唐纳德·马修森（Donald Mathewson）、皮特·范·德·克鲁特（Pier van der Kruit）和维姆·布罗弗（Wim Brouw）在荷兰制成了一幅这个星系的“射电图”（图12-7），其中用亮度表示射电强度，越亮之处射电辐射越强。尽管用这种射电望远镜不及用光学望远镜看得那么清楚，旋臂结构还是不难认出来。所以旋臂不仅在可见光区放着光彩，而且还发出射电辐射。

电子在同一星系中不同部位处发出的射电辐射强度不同，这是为什么？其原因和这种辐射的产生机制有关，这里就不做论述，我们只要知道凡是星际气体密度较高之处产生的射电辐射也较强就行了。如此说来，猎犬座星系的射电图像也证明，旋臂中不仅恒星密集在一起，而且星际气体的密度也较高。

不过，猎犬座星系告诉我们的信息还不止于此。仔细对比可以看出，射电辐射最强的所在并不完全和可见旋臂相重合（图12-8），星际气体最大密度区位于曲曲弯弯旋臂的偏内侧。这反映什么呢？整个星系在自转，它的组成物质在运动中穿旋臂而过，恒星偕同星际物质在这样的过程中都是由弯曲旋臂的内侧进去，再从外侧出来。可见旋臂来源于新生恒星，射电旋臂则反映星际气体浓缩的所在，把两者加

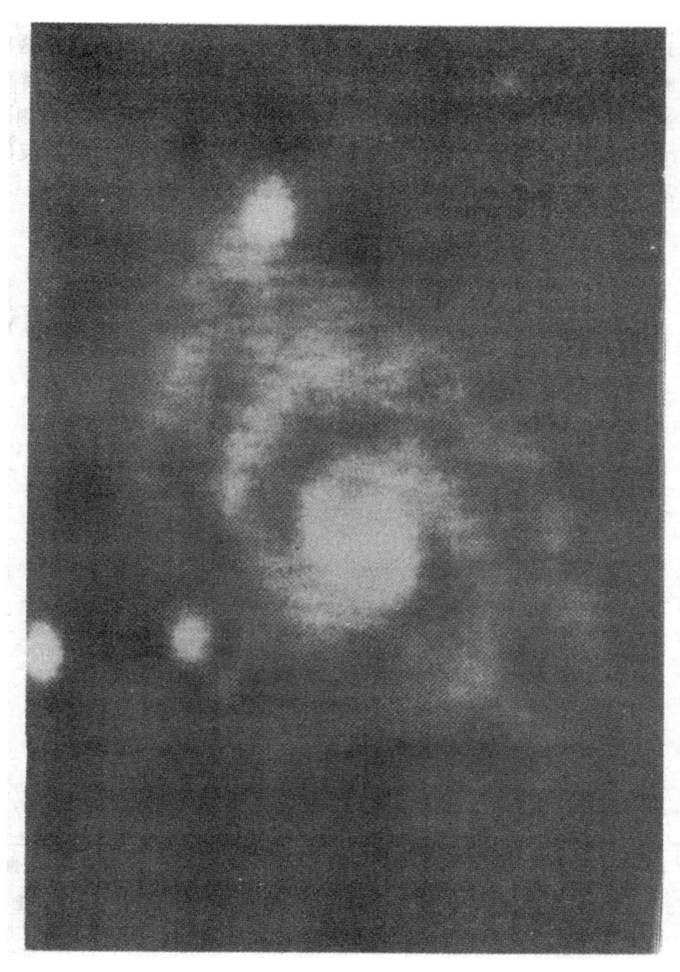

图12-7　图0-2所示星系的射电图像。这张图也是用计算机制作的。它所传递的信息是，如果我们的眼睛对波长21厘米的射电辐射敏感，并且“视力”好得像荷兰韦斯特博克太型射电望远镜那样，那么我们所看到的这一星系应该是什么样子。射电辐射主要来自星际气体密度较高的区域。所以说，这种射电图像告诉我们，这一星系中的气体所标志的旋臂结构和年轻恒星的分布反映的几乎一样（莱顿天文台图片）

以对比可以推出下面的情景。

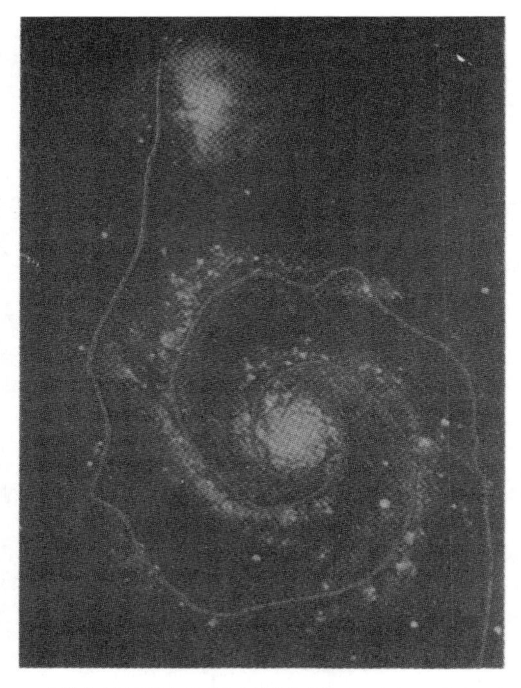

图12-8 把猎犬座星系的光学图像和射电辐射最强区（这里用曲线示意标出）挪到一起来对比可知，气体密度最大的旋臂和年轻恒星旋臂并不完全相重合，所以有必要把射电臂即密度臂和可见臂区分开来

这个星系中的恒星和星际物质一起运转（图12-9），逼近一处旋臂区域。随即这些恒星相互挤紧，气体密度增加，创造了新生恒星的条件。局部云团出现并发生坍缩，一批原恒星诞生了。稍后，那批恒星和星际物质便又漂移出形成射电旋臂的密度较高区。很快，一切似乎又恢复如前。但是，并不尽然，已经开始坍缩的云团继续坍缩，由气体密度一时的增长所引起的造星过程进一步发展。再过了些时候，原恒星演变成一批大质量新生恒星。这些蓝色强光度恒星的辐射激发附近的星际气体使之发光，新生恒星造成了可见旋臂。

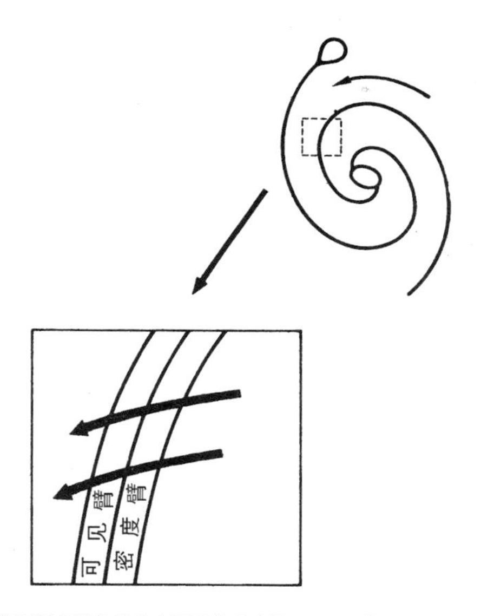

图12-9　恒星是怎样在猎犬座星系中形成的。图0-2的星系简略地画在这里右上方。虚线小方块放大后画在左方。图中星系沿反时针方向旋转，组成它的物质先流过密度臂（射电臂），于是星际气体紧缩，恒星形成的过程开始。后来就有了一批早生的年轻恒星，它们激发附近的气体使之发出可见光，就产生可见臂。由于星际气体从紧缩到恒星形成的结束移动了一段距离，所以射电臂和可见臂并不相重合。箭头表示星系物质的运动方向

概括起来，首先是星系物质穿越密度较大的旋臂，引起产星过程；然后是首批新生恒星使可见臂亮了起来。因为猎犬座星系中恒星与气体的运动速度已知，密度臂与可见臂之间的距离又能测出来，所以我们能计算出从星际气体紧缩到首批新生恒星出现需要多长时间：结果是约为600万年。在这段时间的最后50万年中，各个分立云团里发生着像拉森的计算所得出的那种变化；而从这段时间的开头直到星际物质演变成拉森用作计算起始点的云团，则需要550万年。

大质量恒星绕星系中心运行还远没有转完一圈，它们的寿命就到

头了。这些星把它们的大部分物质送回了星际气体，演变成了白矮星，或是爆发为超新星了。由于核反应而富含重元素的恒星物质返回星际气体后，当它穿过旋臂时就成为孕育下一代恒星的原料。不能参与这种循环变化的，是恒星生命终了时以白矮星或中子星这类致密天体的形成所残留下来的物质。

从前，在银晕恒星已经出现后很久的某个时候，现在构成太阳的物质也曾作为星际气体的一部分在运动中穿越一处旋臂而使许多恒星诞生。其中质量较大的太阳同庚星早已熄灭，像太阳那样质量较小的许多同庚星则已经被银河系的不均匀自转甩开而失散在各方。

第 13 章
行星和它们的居民

月亮上是否有人居住，天文学家了解这个问题的确切程度可以说就像他知道谁是自己的父亲一样，而并不像他了解他的母亲一向是何许人那样。

格奥尔格·克里斯托夫·利希滕贝格

（Geovg Christoph Llchtenberg，

1742 — 1799）

由于角动量因素，恒星的诞生还是和上一章所讲的有所不同。群星和星际物质都在绕银河系中心运动。可是各个分立云团同时也都在绕它们自己的中心转动，这种自转运动不仅持久不衰，而且在星际气体云团和尘埃云团紧缩以形成恒星时反而会加强。这个因素的影响是深远的。紧缩造成自转变快，离心力增大。后者使云团赤道区的引力减弱，使紧缩着的云团形状变扁，到后来只能形成一个旋转圆盘（图13-1）而并不会像拉森的计算那样变为一颗完美的球状原恒星。和前一章我们所了解的过程相比，看来一切都变了样。

我们的行星系证明，原始物质的自转运动在太阳形成过程中起了重要作用。行星都沿着同一方向围绕太阳公转，它们的轨道几乎都

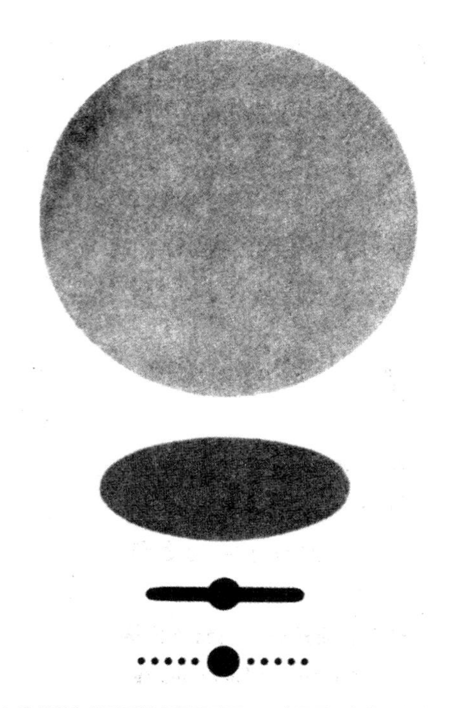

图13-1 我们所在行星系的起源示意图。一小团星际气体云从大团分出并紧缩，由于离心力对赤道区的向内收缩起阻碍作用而变成扁形。在这样产生的扁盘中心逐渐形成了太阳，而太阳周围的物质凝聚成一批行星，行星诞生后就在原先扁盘所在的平面内绕太阳公转。本图并没有按实际比例尺画出。尽管这套演变过程看起来那样简单，但是至今我们还做不到令人信服地弄清其中所有的细节

位于同一平面内，就好像它们确实起源于一个扁盘中并且还在反映其自转那样。还有另一个启示是，作为中心天体的太阳虽然几乎集中了太阳系的全部质量（行星只分到总质量的13‰），但是简直没有什么角动量。太阳系的角动量包含在行星的公转运动中。看来就好像坍缩星际云中的物质真会巧安排，它重新分配了阻碍它形成恒星的角动量。初始物质中一小点质量几乎抓走了全部角动量，构成了一批行星，使

得几乎失去了所有角动量的绝大部分质量能形成一个拉森式的中心星体。

用计算机求解行星起源问题

法国数学家拉普拉斯（Laplace）和德国哲学家伊曼努尔·康德早就猜想过，认为太阳和行星是由一个自转着的原始星云形成的。当前，人们已经试图用电子计算机来搞清这种演变过程。下面要讲的内容根据的是加利福尼亚天体物理学家彼得·博登海默（Peter Bodenheimer）与维尔讷·恰努特共同研究所得到的结果。本来他们想要解释的是太阳和行星的起源，但是计算结果完全是另一回事。

当人们勇敢地试图解答更难一步的问题时，才体会到用计算机模拟球对称过程是多么容易。在球对称的情况下，任何时刻一切东西只决定于离中心的距离。拉森模型中如果有一个质点在某一时刻受到加热，那么距离中心和它一样远的，也就是和它处在同一球面上的所有物质同时受到加热。如果这种物质没有自转，球对称就是良好的近似，因为包含在坍缩过程中的每个质点不管来自什么方向都经受同样的作用力。

有了自转，对称性就受到干扰。从两极方向飞来的质点受力与来自赤道方向的质点不同。如果球对称不存在了，这样人们就面临极端复杂的情况了吗？不是的，某种程度的对称性依然存在。例如在赤道平面内，许多质点在轨道运动中向中心点移近时尽管来自四面八方，但这些质点受力的大小与它们的轨道偏向何方无关。这种情况称为轴对称过程。虽然这还不算最坏的局面，用计算机求解轴对称问题仍是一大难题。虽说如此，人们还是有办法。博登海默和恰努特用计算机对一团自转坍缩云的演变进行了探索（图13-2）。开始阶段的情况和拉森模型一样：云团坍缩，中心出现一个浓密区。但是随着云团进一步紧缩，离心力的作用越来越明显，云团越来越扁，终于成为一个扁盘。只有自转轴附近的物质继续向中心下落，赤道面的气体向中心移近的速度则非常缓慢，乃至完全停滞。得到的结果不是一个核心而是一个圆盘，下落的物质不是来自四面八方而只是沿着轴向进入。厚度只有赤道半径1/8的这个圆盘所占的空间范围很广，约为最远行星即冥王星轨道半径的120倍。它绕中心轴自转1周大约需要30万年。

这样的结果并没有完全符合人们的期望。本来的意愿是想要在内心区产生一个原始太阳，在这个太阳的周围又最好来上一个圆盘，后者天长日久便会孵育出众行星。可是，博登海默-恰努特圆盘并没有中心太阳之类的天体，物质最密集之处却在中心往外17倍冥王星轨道半径的周围空间形成了一个环状体。出了一个环，而不是一个中心天体！从侧面看这个环像图13-2下方小图的情景，从正面看则像图13-3上方小图的样子。

事后看来，这样的结果也并不奇怪。这种模型中为什么物质没有流聚在中心区，却要堆积在一个环状体内呢？原来是离心力阻碍了物质聚向中心，是物质的角动量在作怪。前面我们就已经讲过，大自然在太阳系的形成中把物质和角动量彼此分了家，以致到如今物质聚于太阳而角动量归于行星。博登海默和恰努特在计算中假定每克物质所具有的角动量始终保持不变，其实角动量有点像热通过物体传导那样，

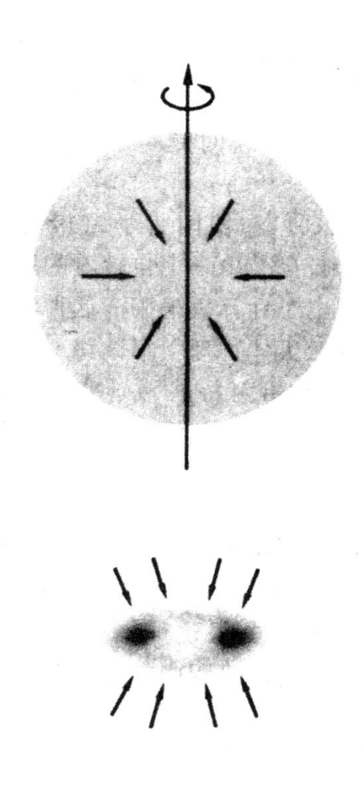

图13-2　一团自转星际云的坍缩。上方小图中标出自转轴的位置。初始阶段中，气体均匀地由四面八方落向中心（用直线箭头表示）。后来形成了一个旋转圆盘（当中小图），流到盘上的气体主要来自两极方向。盘中开始显现一个环状体，被这里的书页平面一截，成了只见两个浓密小团的样子。从上往下看这个环的样子如图13-3的上方小图所示。博登海默和恰努特1978年计算所得的这种演变结果中并没有出现一个中央星体

也会透过物质而转移，他们两人如果计入这一因素，不妨重新演算一番。但是这样做要碰到的一个难题是，尽管我们知道把角动量从圆盘某处输送到别处的作用过程有好些种，可是并不清楚哪一种是起决定

图13-3 图13-2中出现的环状物质密集体从上往下看时的样子，对比图13-2的下方小图放大约为3倍。几十万年后环状体中产生出两处稠密区，后来可能形成两颗星，互相围绕运动而组成一对远距双星

性的作用。磁场固然可能消除部分圆盘的角动量，使物质得以在中心区聚成一团，但是湍流运动连同摩擦过程好像也能做到这一点。

即使到现在，人们对液体和气体的湍流运动也还认识肤浅。这种现象又是我们非常熟悉的。从高压龙头流出来的水柱不是均匀地外流，而是千姿百态，变幻莫测。山涧流水是不规则湍流运动的又一个实例。湍流运动在产生恒星的自转物质盘的研究中起重要作用，这点冯·魏茨泽克早在第二次世界大战的时期就认识到了。20世纪40年代后期到50年代初期曾经有一个由年轻物理学家组成的小组在哥廷根和他一起研讨这个问题，其中有一位学者所写的博士论文的主题正是自转气体盘中角动量的迁移。他叫雷马·吕斯特（Reimar Lüst），就是现任马克斯·普朗克学会主席。恰努特在1979年用计算机得出，圆盘中的角动量由于物质的湍流运动而重新分布，会出现一个中心核乃至一颗中央星。可惜人们对于自转与湍流兼而有之的气体盘的特性了解得太少，还不能从理论上定量地算出质量与角动量究竟是怎样分的家。

这个问题我们暂且讲到这里。天体物理学家必须先掌握角动量如何穿越物质而迁移的作用过程，才能继续前进。不过，好像不光是天体物理学家对如何处理自转圆盘的角动量问题弄不确切，就是大自然本身也似乎未必在这点上事事清楚。

双星的起源

上面所讲的计算得出了一个环状体，这使我们研究所的一个研究小组人人心中不安：如果碰巧自然界对于应如何重新分配角动量所具有的智慧正好贫乏得和博登海默与恰努特一样，将会发生什么呢？如果真的产生了那样的环状体，又会有什么样的后果？我们没有在自然界找到启示。我们在宇宙中只观测到恒星，并没有见到绕着空无一物的中心自转的物质环。那么这种环状体究竟发生了什么变化呢？

如果再去用计算机探究这种演变，就会遇到一种新的严重困难。原来还是轴对称的环，这时连这一特性也不存在了。用计算机探明这种演变不仅要求计算储存量很大，而且必须研究出一套新的复杂计算方法来。幸运的是1977—1978年维尔纳·恰努特（Werner Tscharnuter）、卡尔-海因茨·温克勒尔（Karl-Heinz Winkler）和哈罗德·约克（Harold Yorke）正巧都在我们研究所。年轻的波兰天体物理学家米夏尔·罗席契卡（Michal Róẑyczka）也参加了他们的行列。四位学者编写了一套计算程序，算出了博登海默-恰努特环状体的演变结果。图13-3清楚地介绍了他们的结果。在1万年内，环的两对侧会各自形成一处较稠区，并且越来越密，5万年后成为两团相互绕着运转的星际云，再往后就能演变为两颗恒星。计算机为我们表演了一对双星的诞生！

这也许反映了自然界的两种可能性。一种情况下角动量保留在物质内，经历环结构阶段而形成双星。另一种情况下质量与角动量会相互分家，产生出只占少许角动量的中央星，沿着各自轨道围绕中央星公转的则是质量小而角动量大的行星群。如果真是这样，我们只能认为所有的单星周围都有行星在绕着它们运转。

人类孤独吗

尽管我们还没有完全了解星际云究竟是怎样演变成行星系的，但是原始物质的角动量对于行星的起源乃至人类本身的存在起了关键的作用，这点是没有疑问的。这样看来，好像一切单星周围都会有微小的行星绕着转，只因离地球遥远而没有被我们探察到。既然太阳周围拥有行星可能不是独一无二的现象，那么我们作为行星上存在的居民难道会是唯一的情况吗？也许银河系中充满了行星，行星上居住着进化阶段相仿，或较为初级，或较为高级的各种生物。在银河系中我们是孤门独户呢，还是另有等待着我们去联络交往的别的文明社会呢？

奥兹玛计划和阿雷西沃信息

1960年5月，美国绿岸射电天文台的学者把一架射电望远镜指向天仓五（鲸鱼座 τ 星）。弄清有没有从这颗星方向发来的波长为21厘米的射电辐射，是这些美国天文学家探查的目的。用同样的办法试图收听的对象还有恒星天苑四，也就是波江座 ε 。这两颗星是怎样被选上的呢？它们离我们比较近，但并不是最近的星。一颗星的光需要11年，另一颗星的光则需要12年才能传到地球。这两颗星不仅温度、光度和质量与太阳十分类似，而且年龄也和太阳不相上下。

既然我们所在的太阳周围有一批行星绕着转，其中一颗上载有能造出无线电发射机的技术文明，难道那两个太阳就不该伴有具备技术文明的行星吗？

假如那里真的有生物，他们的技术发展水平和我们一样，那么我们能不能接收到他们发射的信号呢？我们自己早就向宇宙空间发射电波了。1945年刚过，人们成功地把雷达脉冲发往月球并收到了回波。登上月亮的宇宙航行员和远征太阳系边陲的空间探测器，可以按地球上发出的无线电指令进行调整。人们已经用雷达天线把无线电脉冲发射到了金星，而且接收到了雷达回波。我们不妨假想，把这座天线运往远方，架设在围绕另一个太阳运动的某个行星上！在这种情况下，用绿岸射电天文台的26米望远镜在9光年外还能收到这座天线发出的信号。如果用艾费尔高原埃弗尔斯堡的100米射电望远镜去探测这架雷达发射机，那么能观察的距离可以扩展到30光年。而太阳周围这么远的范围内已经包含的恒星达350颗之多。如果用地球上那样的技术设备从其中之一的行星上发出电波，那么我的同事和朋友彼得·梅茨格尔与理查德·维勒宾斯基（Richard Wielebinski）用这架望远镜应该能毫不含糊地倾听其信号。

天文学家在绿岸认真地监测天仓五和天苑四达3个月之久，可是并没有听到所搜寻的信号。于是这个课题只好暂停，让位给别的射电天文观测项目。根据童话王国奥兹（OZ）而取名叫奥兹玛（OZMA）的这一计划就这样结束了。用行话来说，它又叫作“小绿人”计划。小绿人却总是杳无音信。

这能责怪对方吗？我们有没有体会到自己也担负着星际信息交流的责任呢？我们做到了向别的星球系统地发送信息没有？除了1974年11月16日的一次短时间定向发送以外，我们做出的努力还很不够。那一次试验，人们用了波多黎各岛上阿雷西沃镇附近的射电望远镜发送了一组历时3分钟的信息。这一天线能高度精确地对准目标，发送所及的距离也特别远。对准什么目标为好呢？人们把信息发往武仙星座中的一个球状星团，那是群星密集的场所，人们只要发送一下就能管到30万个太阳周围的行星。经过24000年后，信息就会传到。如果那时有一个文明社会用一架威力足够的射电望远镜，正好在关键的3分钟内指向我们的方向来听测，就能收到阿雷西沃信息。谁也难说这有多大的可能。阿雷西沃信息送往宇宙空间的时候正是在望远镜翻新后，人们想让它具有某种象征性意义罢了。人类想要和宇宙中别的文明社会联络通信，就必须有计划地探测，而对方也必须有计划地发送信息[1]。

在把我们的某些情况告诉其他文明社会的非系统性试验之中，还包括各带一块雕刻镀金铝饰牌的木星探测器先驱者10号和11号（图13-4）。这两个飞行器完成了探测木星的任务后，会飞出太阳系而奔向宇宙空间。像阿雷西沃信息那样，它们带去了有关我们在宇宙中的位置和关于人类本身的情况的信息。别处的智慧生物只要把这种宇宙名片拿到手，就能了解我们相当多的情况，不过对他们将成为不解之谜的是我们的背面长相如何。

生物进化的漫长岁月

我们在宇宙中是不是独一无二，也就是别的星球上或其邻近有没有生命存在？这个问题的提出比我们知道恒星是别处的太阳还要更

---

1. 想更多了解星际通信的读者不妨读一读赖因哈德·布罗伊尔（Reinhard Breuer）的*Kontakt mlt den Sternen*（《和星星联系》）一书，该书1978年由法兰克福市Umschau出版。

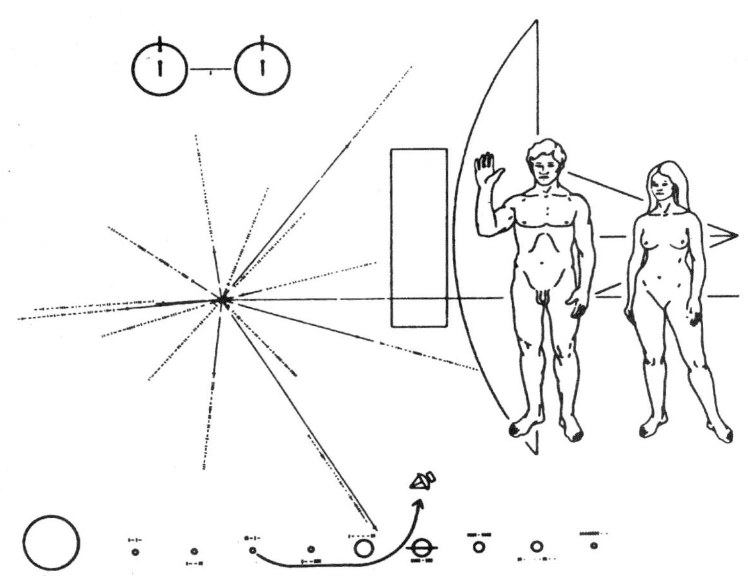

图13-4 随先驱者号木星探测器一起远行的镀金铝牌被用作会见地外文明的名片。除了有关我们本身的一点图像信息外，图中左方画出我们所测的一批最强脉冲星的方向，以反映我们在银河系中的地址。脉冲星的周期用二进制数表示。根据脉冲星随时间而变慢的规律，接受信息的对方甚至有可能推出该飞行器发射的日期。图中下方还有太阳和各大行星的概况，也是用二进制数来标明

早。尼古劳斯·冯·屈斯（Nikohus von Kues，1401—1464）和乔尔丹诺·布鲁诺（Giordano Bruno，1548—1600）都曾为此伤过脑筋。为此，两人之中一位幸免于难，另一位不得不在烈火中为真理而献身。

讲到银河系中其他天体上的生命问题，这里只打算谈那种和地球生命的化学成分类似的情况；特别要提出来作为先决条件的是，这种生命离不开液态水。我们想知道，在某行星上是不是已经存在类似人类甚至进化阶段更高的生物。不论是这两种情况的哪一种，像地球上那样长的演变年代看来总是必需的。南非德兰士瓦省翁弗瓦赫特的发

掘结果告诉我们，早在35亿年前地球上就存在过比较高级的单细胞生物蓝藻，而人们估算的地球年龄只比这个数字大10～15亿年。所以我们要搜索的对象星周围应该具备这样的条件：使原始生物至少已有40亿年之久能稳定地向较高级生物进化。

让我们来回顾一下我们这个行星上的生命发展史。天文学家海因里希·西登托普夫（1906—1963）做过这样的形象比喻：假想我们能把大约50亿年长的地球史压缩成1年，那么原来的1亿年就变成1个星期，实际演变中的160年就转化为1秒钟。这样一来，从宇宙和银河系最老的恒星起源到太阳和地球的形成用这样的压缩时间表示大约经历了1年。假定太阳系的行星，包括地球，形成于第二年的1月份。那时大气的主要成分还是氢，也就是宇宙中最丰富的元素。后来，氢逃脱了地球引力的束缚，氮和氧成为地球大气的决定性成分。可是早在氢大气时代，简单的生命形态已经出现，而3月份就有了翁弗瓦赫特单细胞生物。生物仍在不断进化，但是我们了解得比较确切的只有假想压缩年的最后6个星期，这是因为得到了由化石揭示的信息。在此期间大部分的氢已经逃散，各类生物的习性转而与氧相适应。11月末是植物，稍后是动物征服了各个大陆；曾经在地球上称雄1星期之久的古代巨形爬虫类，在圣诞节两天假日[1]期间灭绝了；12月31日23时出现了“北京人”[2]；新年来临前10分钟，尼安德特人才来送旧迎新；夜半前5分钟，现代人种诞生了；新年只差30秒钟时，世界历史记载开了头。就在这最近30秒钟内地球上的人数增加了百倍。这种增加在最末若干秒内更是急速，光是最近1秒钟内全球人口就增长为原先

1. 12月25—26日。——译者注
2. 指中国猿人。——译者注

的3倍。在除夕花炮上天前不到4 / 10秒钟的时候，人类开始发射无线电广播节目。

尽管地球从诞生以来的大部分时间都在孕育着生物，但是我们称之为文明的年代却只占生物存在时期的一个微乎其微的百分比。

银河系中散布着百万个栖息生物的行星吗

生物进化的过程如此漫长，把它和恒星演化的时间去对比没有什么不恰当。我们知道，天上有的恒星是那样年轻，甚至爪哇猿人曾经是它们诞生的见证人。在这种恒星周围的行星上，目前高级生物还来不及形成。我们也知道，大质量恒星发光发热只有几百万年，这对于生物进化实在太短暂了。看来合适的对象只有从质量相当于或小于太阳的恒星中去找。银河系大约共有恒星千亿，其中绝大多数的质量都算“合格”，这是因为质量较大的恒星终究甚少。

除了百分之几的少数例外，银河系中恒星的发热年代都很长，足以使智慧生物渐渐形成。但尚不清楚的是这些星有没有行星围绕着它们转，因为只有在围绕恒星公转的天体上才能具备液态水所需的温度。可惜天文学家对别的太阳周围的行星还一无所知。由于它们实在太遥远，即使离我们最近的一些恒星确有这种伴侣天体绕它们转，人们也还没有能做到用望远镜直接观测这些微乎其微的对象。可是话说回来，别的太阳周围也有行星绕着转，这是非常可能的。首先，人们要打破生活在一个独特太阳系中这样一种概念的束缚。科学发展史曾一次又一次地表明，那种把人类放在宇宙中特优地位的想法都是错误的。

我们已经了解，宇宙物质的角动量很可能使单星周围形成行星系。人类自己所处的行星系也支持这种观点。巨大行星木星和土星甚至以它们的卫星群在周围组成了具体而微的“行星系”，看来这也要归因于角动量。因此，单星周围都有行星系在运转的假想是合理的。

如果在恒星形成的过程中由于角动量因素而产生了一对双星，那么即使在此以前行星曾经出现过，它们也应该在不长的宇宙演变岁月中不是落到其中的一颗星上，就是被甩到宇宙空间。因为认真观测表明半数以上的恒星是双星，所以银河系中算下来还剩大约400亿恒星伴有行星。

问题又来了：这些行星与各自恒星的距离是否合适呢？一个行星至少应该满足的条件是它与所属恒星的距离使得辐射在它表面造成液态水所需的温度。在太阳系中，水星极靠近太阳，而离太阳比火星更远的所有外行星则受阳光照射太弱，不够温暖。别的恒星周围的行星我们始终还没有见到，怎样才能知道它们之中有多少已经具备了距离恒星恰到好处的条件呢？我们的办法只有和自己所处的行星系类比。地球无疑地处在太阳系生命带内部，火星和金星靠近此带边缘。“水手”号探测器拍得的照片表明，火星表面的荒凉程度和月球表面类似。尽管火星有大气并且含有水分，但是在它表面上软着陆的一系列“海盗”号探测器经过取土分析并没有发现生物细胞的任何迹象。苏联的一批探测器测得的金星表面温度超过450℃，所以金星也不是生物栖息的场所。在太阳系中我们似乎是独此一家。

只要仔细想想一个行星必须同时满足多少条件才能栖息生物，我们就会明白天体具备适于生物的气候是多么稀罕的巧例。1977年，在美国宇航局工作的科学家迈克尔·H. 哈特（Michael H. Hart）指出，只要把我们对太阳的距离缩短5%，地球上的生物就会热不可耐而不能生存；这段距离只要加长1%，地球就要被冰川覆盖。我们所居住的行星的伸缩余地是不大的。因此他认为，外部条件合适，使生物能进化到较高级阶段的行星，在银河系中最多只有100万个。

在某个行星上如果适宜的气候能维持足够长的年代，生命确实会形成吗？这个问题应该去问生物学家，而不是天文学家。不过天文学家也能帮一点忙，他了解除了少数例外，整个宇宙中化学元素的分布大体上是相同的。银河系中离我们最遥远的恒星，甚至别的星系中的恒星，它们的化学组成和太阳一样。没有由硫组成的恒星，也没有由汞组成的云团。压倒多数的情况下宇宙物质的最主要成分是氢，其次是氦，再其次才是其他的化学元素。我们可以向生物学家保证，即使是在一个遥远的但气候适宜的行星上，他也能找到构成一切有机分子所需的各种物质。射电天文学家在气体云中发现了名目繁多的各种有机分子，其中有乙醇和甲酸，有氰化氢和甲醚。当然，从这类简单有机化合物向那些构成生命基础的复杂分子演变，是一条漫长的道路。让我们假想，凡是可能孕育生命的场所生物实际上都已出现，那么银河系中可能有着100万个居住生物的行星，这些生物也许各自都已演变了40亿年，只不过它们理应处在各自不尽相同的进化阶段罢了。

一个文明社会能生存多久

对于有生物栖息的行星，自然是只有当我们能够以某种方式和他们联系交往时，我们才感兴趣，而无线电信号似乎是这种联系的唯一可能办法。因此我们要问：银河系内这100万行星之中，有多少具备发射无线电信号的技术水平？如果这些地外生物只要存在就不断发射信号，那么我们就会面对大致有100万个发射着信号的行星。可是蓝藻并不会发射无线电信号，而已经被原子弹毁灭了的智慧生物当然也无声无息。这样算来，合格的就只剩很小一个比例了。也就是说，这100万行星之数，既要考虑到一个文明社会具备发射信号的能力这段时期所占的百分比，还要估计到该处生命能维持多久。

这就说到了最大的不定因素！我们只能以自己这一文明社会的经验作为依据。我们达到能向空间发送信号的技术水平，至今不过短短几十年。可是几乎同时，人类就初次造出了只要一次打击就足以灭绝全球一切生命的大规模毁灭性武器。我们人类将会动用这种武器吗？难道一个技术文明社会充其量只有几十年工夫能向空间发送信号，接下来便是自我毁灭吗？然而，我们甚至连正式的发送都还没有开始。我们还没有制定出有目的、有步骤地向宇宙空间发射信号的科研规划。不过，让我们乐观地假定一个文明社会是能够正确解决面临的问题的。不妨设想它会过上100万年的和平富裕生活，因而既能有充分雄厚的财力投入奢侈项目，也有足够的兴趣在这整段时间向宇宙空间发送功率强大的无线电信号。这样算来，银河系中100万个有生物居住的行星之中只有

$$\frac{100\text{万年}}{40\text{亿年}} \times 100\text{万个},$$

也就是250个行星目前在发送信号。再假定这些行星是均匀地分布在银河系中，那么相邻两个发信号的文明社会之间的平均距离约为4600光年。我们发出的信号要飞行4600年才能传到离我们最近的发信号的文明社会，要等回音到达，则从头算起共需9200年。由此可见，抓住天仓五和天苑四那样两颗邻近的恒星去搜寻简直是大海捞针，因为发信号的行星正好出现在它们身边的概率实在是太小了。看来明智的做法除非是搜遍4600光年内所有的类似太阳的单星所发送的信号。

圣经中的巴别通天塔自建造以来还不到4000年。如果一个文明社会生存并且发出信号的年代就限于这样一段时间，那么照上面的算法可得，银河系百万栖息生物的行星之中，当前正在发送信号的只有

$$\frac{4000\text{年}}{40\text{亿年}} \times 100\text{万个},$$

也就是只有1个。这意思是除了我们自己以外，眼下在整个银河系中最多还有1个别的文明社会可能会发出信号。要是一个文明社会发送信号的年限只有1000年甚至更短，那么我们用射电望远镜去深探银河系、苦觅智慧知音就难免成为徒劳之举。

这里所讲的估算银河系中有多少行星正在发出无线电信号的方法包含了许多不确定因素。我在这里并没有把这个数字求得特别准，而是想说明这问题涉及哪些因素。通过这样的假想计算我们明白了一个道理，就是最大的不确定因素是由于我们不了解一个技术文明社会能存在多久。一个文明社会开始发射无线电波后还能保持多长的年代

呢？能有1个世纪吗？尽管技术发达了，但它还能否存在下去？或是由于技术先进了，它才得以保持生存呢？

我们提出了银河系中地外生命的问题，我们回到了人类在地球上继续生存的问题。

附录 A
恒星的视向速度

如果没有光谱分析，我们对宇宙的了解就要比现在肤浅得多，对恒星的化学组成就会一无所知，对它们的运动就会只有一鳞半爪的认识。在这里主要讲一讲，怎样根据恒星光谱来推求恒星沿着视线方向的，也就是向我们而来或离我们而去的运动速度。运动速度在视线方向的分量称为视向速度。测定视向速度所依据的原理是多普勒效应，这是为纪念奥地利物理学家克里斯蒂安·多普勒（Christian Doppler，1803—1853）而命名的。

如果一颗恒星的光线穿过一个玻璃棱镜，就会由于不同频率的光折射程度不同而发生色散现象，频率较高的蓝光比频率较低的红光折射得更厉害。如果在棱镜后面装一架照相机，那么照出来的像就不是一个小星点而是一长条，称为恒星的光谱。光谱照片中各处的黑线是由不同频率的光线所产生的。当今天文学家所使用的现代摄谱仪，其工作原理也就是这样。为了拍得暗弱恒星的光谱，星光首先要由大望远镜收集起来，再经过摄谱仪的处理，然后才落到照相底片上。人们也往往使用别的器件代替棱镜来使不同频率即不同颜色的光线产生不同程度的偏转。照相机拍出来的光谱是细长条，摄谱仪则把它展宽成一条带子，这就很有利于辨认其中的细节（附图A-1）。恒星光谱的重要性在于恒星大气中的原子吸收特定频率辐射的这一特性，被吸收的光就在光谱中表现为空缺：用摄谱仪拍成的长条光谱中出现许多暗“线”，它们正处在和那些特定频率完全相应的位置上，照相底片在这些位置上不感光。恒星大气中各种原子对辐射的吸收造成了光谱中一定部位缺光的现象，那些暗线称为吸收线。由于每一种原子产生一套特定的吸收线体系，人们就可能依据恒星的光谱来测定其大气的化学组成。恒星的化学分析就是根据这种原理进行的，基尔学派的创立人例如阿尔布雷希特·翁泽尔德（Albrecht Unsöld），正是由对这一领域的贡献而成为名家。本书中所讲的一切有关恒星大气和星际气体的化学组成的内容，其依据都在于光谱线的测量，太阳上没有重氢以及元素锂特别缺少的现象，也都是这样得知的。下面着重介绍多普勒效应。

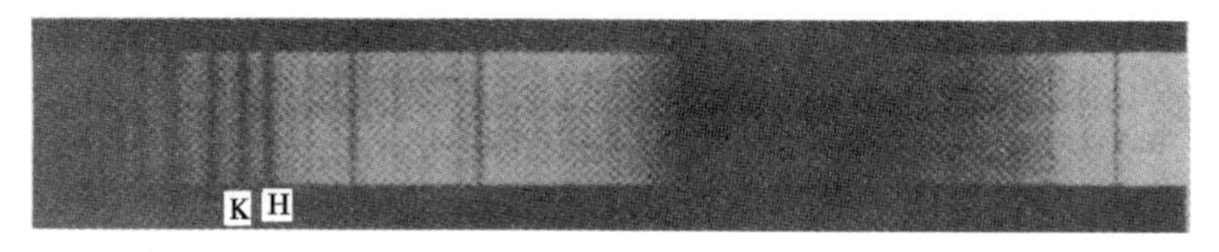

附图A-1 明斯特大学瓦尔特劳特·赛特尔（Waltraut Seitter）拍摄的天鹅座41号星的光谱。左方是光谱紫端。折向左端的光波频率比折向右端的红光光波的频率要高。暗线是各种原子的吸收线，例如偏在左侧的一对挨得很近、大致一样强的光谱线（标有H和K字样的）就是钙原子所造成的。附图A-2的光谱中也有这两条线

光是一种电磁波。一束光线所经之处，电场强度周期性地变强变弱，时而达到极大值，时而达到极小值，这种变化以光速在空间传播。当一个源发出一定频率的光线时，只有在该源和接收器的距离保持不变的情况下，我们收到的光的频率才和原来的相等。如果光源向着我们运动，每个后发波的强度极大点在传播中经过的路程就比紧挨在前的先发波的略短一些。光波极大点到达我们这里的时候变成比发出时节奏更快的一串信号；也就是说，向我们移近的发光体的光比起

实验室里同样光源的光显得频率更高，颜色更蓝。反过来，背着我们远去的光源的光比起实验室中同样光源的光就显得频率较低，颜色较红。实际上这种情况和图10-5所讲的效应并没有什么不同，因为一个X射线源绕一颗星做轨道运动时，有时向我们接近，有时离我们远去，X射线闪光的频率也就显得在变高变低。

恒星光谱吸收线的多普勒效应可以测量得非常精确（附图A-2）。最好的方法是把恒星光谱和通过同一架摄谱仪形成的实验室光源光谱进行对比，以查明恒星光谱中各种原子的吸收线是处于本来应在的地位还是有所偏移。这样也就容易测定该星的视向速度。

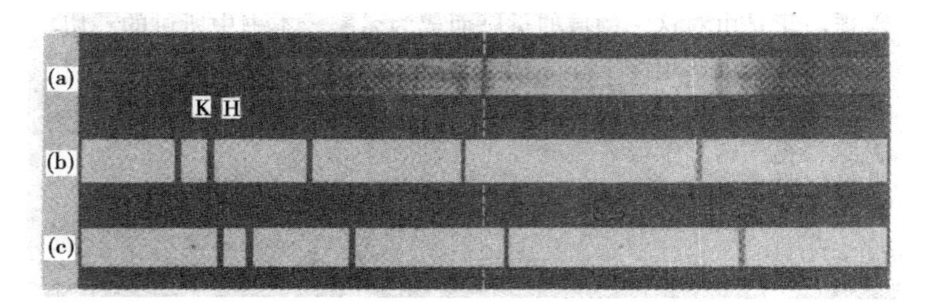

附图A-2 光谱线的多普勒效应。（a）为某一恒星本来的光谱。（b）为该星运动向我们而来时光谱线位移的示意图。所有的谱线都向左方即紫端，向频率增高的方向偏移，黑底白色虚线和箭头都标出这种情况。（c）为该星运动远离我们而去时的谱线位移，移向红端

特别重要的是测量密近双星的视向速度。一颗星围绕另一颗星公转，只要我们不是正好垂直地向它们的轨道平面望去，这颗星在轨道运动中就时而朝我们奔来，时而背我们离去。我们可以测量光谱中这颗星视向速度的这种周期性变化并且利用它来推求有关恒星的质量（附录C）。实际上我们正是根据光谱中由多普勒效应产生的谱线位移才知道有许多星并不是单星，而是双星。这种双星离开我们实在太远，

所包含的两颗星彼此又靠得太近，所以我们用望远镜看不出它们是双星。两颗星并不交替掩食倒不要紧，光谱吸收线的周期性位移依然会告诉人们那是一对沿着各自的轨道相互绕着公转的双星。

附录 B
宇宙中的距离是怎样测量的

如果我们不知道恒星离我们究竟多远，那么对它们就会简直说不上什么来。天上一颗不显眼的小小星点可能是地球跟前一个本身并不发光而只不过反射阳光、直径还不到1米的东西，但是也可能是一个光强相当于整整一个星系、由于远在宇宙深处而原来的壮丽景观不被人们辨认的天体。想要根据地球上可以直接测量的间距去推测宇宙中的距离，这绝非容易。

在当今这个电子时代，太阳系的距离测量是不成问题的。人们用雷达测量金星的距离，并且根据约翰内斯·开普勒发现的“开普勒第三定律”来分析。这条定律把各行星绕太阳公转的周期和它们的轨道半径联系了起来。举例来说，如果A和B各代表一颗行星，比方说金星与地球，那么开普勒这条定律可写为：(A的公转周期)^2 ×（B的轨道半径)^3=(B的公转周期)^2 ×（A的轨道半径)^3。

行星的公转周期可以直接由观测求得(地球365.26天，金星224.70天)，所以这条定律为我们提供了一个联系两行星轨道半径的方程式。

人们能够把雷达信号从地球发到金星，并且收到由金星反射回来的信号。雷达信号以光速运动，知道了它的传播时间就可以得到地球与金星的距离，从而求出两者的轨道半径差。这样一来，我们就有了包含地球与金星轨道半径这两个未知数的两个方程式，然后把它们解出来就行了。

下一步是由太阳系过渡到恒星距离的测定。天文学家为此所用的"视差法"早就由伽利略（Galileo Galilei）提出过，但是直到1838年才由弗里德里希·威廉·贝塞尔第一次成功地用来测定天鹅座61号星的距离（这在本书第4章已提到过）。由于地球每年绕太阳公转一周，我们在一年之中所看到附近恒星在天上的方向老是略有变迁。附图B-1就简略地表示了这种情况。把地球在1月1日的位置和7月1日的位置这两点用一条直线连起来，它的长度是已知的，也就是地球轨道半径的2倍。天文学家只要在这2天观测某星，就能测出附图B-1中的角*CAB*和角*CBA*。这样，三角形*ABC*的两角和一边已知，用我们在中学里就已学过的几何知识可以求出所有未知的角和边，也就是说，能算出地球和该星在1月1日和7月1日两个时刻的距离。不过实际上恒星都是极为遥远，这两段距离之间的细微差别完全可以忽略不计。

这样，我们就得出了恒星离太阳系的距离。采用这种方法，人们已经能够把天体的距离测量伸展到大约300光年的远处。举例来说，图2-2是太阳附近恒星的赫罗图，其中所有恒星的距离全都是用视差法测定的。对于更远的恒星，从地球轨道上相隔半年的两处望去的方向差值实在太微小，测不出来，这种方法就不灵验了。

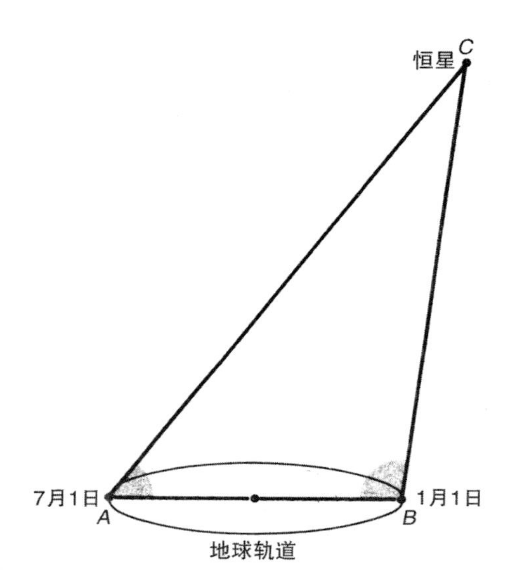

附图B-1 用视差法测定恒星距离示意图。*AB*等于日地距离的2倍，日地距离可以用雷达发射电波到金星并接收回波来测定。又因为三角形*ABC*的*A*与*B*两角可在1月1日和7月1日测出来，知道了两角和一边，要算出这三角形的其余两条边就像做一道简易的中学生习题那样好办了

还有一种重要的距离测定法，这里只大略地讲一下。它的依据是，同一个星团中的恒星都在以同样的速率沿着平行的轨道向同一方向运动。虽然从地球上看去它们在天上的位置变化非常缓慢，很不容易测量出来，但天文学家还是发现了许多星团中群星的平行轨道都有会聚到天上某一点的现象，就像地面平行的火车铁轨看起来在远方会聚到一点那样。这种会聚点告诉我们该群恒星飞向何方。有了这项信息，又可用多普勒效应得到这些恒星的视向速度，再测出它们年复一年相对于遥远背景星的移动角速度，就可以求出它们的距离来。这时的做法也无非就是简易的解三角形计算。许多星团的距离是这样测定的。再把这些星的光度求出来，就能够像第2章中所讲的那样去研究

它们在赫罗图上的分布规律。

我们也不妨反其道而行之。比方说有某个星团离开我们实在太远，上面所讲的各种测定距离的方法都不管用了，那么我们还可以利用两条规律来解决问题，一条是其中质量较小的恒星位于主序上，另一条是这些星全都满足主序星所应有的颜色与光度对应关系。这样一来，只要我能测出这个星团中某一颗主序星的颜色，马上就能知道它的光度，把光度和这颗星在天上看起来的视亮度加以对比，略作计算，就能求出这颗星的，也就是这个星团的距离。

实际上人类已经能够测量的距离远远超出了上述范围，这样的成就简直是一种奇迹。由于人们长期不了解的原因，脉动着的造父变星（详见第6章）表现出一种奇异的规律性：脉动周期和光度存在单一的对应关系（附图B-2）。造父变星的脉动周期只要耐心观测就很好测定，那么查一下附图B-2马上就能得出它在一个脉动周期中的平均光度；把这一数值和我们观测到的天上此星的平均亮度加以对比，随即就可算出它的距离。造父变星的本身光度非常强，它们不仅可见于银河系的边远角落，而且明暗交替的变化还使它们显眼于河外星系的众星之间。人类利用造父变星已经突破了银河系，超出了仙女座大星系，把测量距离的探索扩向更远的空间。

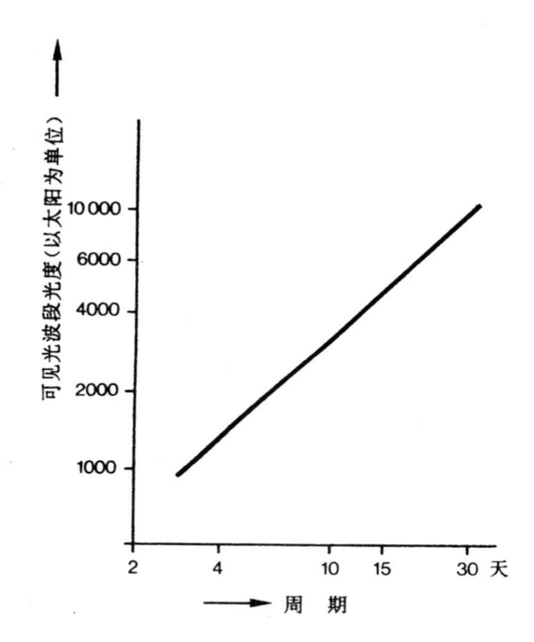

附图B-2 马上就能得出它在附图B-2造父变星的周期与光度关系。这类恒星的一定周期值对应于完全一定的光度值。周期容易测定，那么一个周期中的光度平均值马上就能得出来，再结合该星在天上所表现的亮度就可求出它的距离

附录 C
称恒星的质量

虽然天文学家由现代技术获得了那么多种精巧的测量仪器，但是在测定恒星的质量时，天文学家所用的方法对比约翰内斯·开普勒和艾萨克·牛顿（Isaac Newton）的方法，也就是对比300年前已经形成的概念，并没有超出很多。我们可以从太阳的质量说起。地球在太阳引力场中沿着一个很接近圆形的轨道运动。在这样的公转运动中，地球感受着想要把它甩向空间远方的离心力，与此针锋相对的则是企图把我们地球吸进太阳内部去的太阳引力。地球的轨道运动正好使这两种相反的力处于平衡，我们利用这种平衡条件就能算出太阳引力的大小，从而测定太阳的质量。所用的公式是：（行星的轨道半径）^{3}=引力常数 ×（行星质量+太阳质量）×（行星的公转周期）^{2}。

其中，引力常数是物理学的已知数，地球这颗行星的轨道半径可以用附录B中所讲的距离测定法求得，地球的公转周期为1年。那么由上列方程式就可计算出其中唯一的未知量，也就是地球与太阳质量之和。因为地球质量对比起太阳质量来说微不足道，两者之和几乎就等于太阳质量。

那么恒星的质量又是怎样测定的呢？某些双星，人们用望远镜可以看出它们是由一对互相绕着运动的恒星所组成，测定这类双星质量的办法几乎同测定太阳质量的方法一样。两者的区别只是，在前者，多数情况下相互绕转的两个天体的质量对比不像太阳对比地球那样悬殊；还有，实际上也并不是甲天体单纯地围绕乙天体运动，而是甲和乙各自围绕甲乙两者的公共重心运动，这种现象我们在描述如何求太阳质量时忽略不计，而在上述这类双星中就显得突出了。所以，如果一对双星由A与B两颗星组成，那么：(两星之间的距离)^3=引力常数×(A星质量+B星质量)×(公转周期)^2。

还有一个关系式是：(A星对公共重心的距离)×(A星质量)=(B星对公共重心的距离)×(B星质量)。

A星对公共重心的距离加上B星对公共重心的距离当然就等于A、B两星之间的距离(附图C-1)。如果我们能够用望远镜分开这两颗星并且测定它们各自绕公共重心运动的轨道在天上的投影，那么就能得出两星之间的距离和公转周期，直接求出两星质量之和。同时我们也会看到两星相互绕转的具体情况，从而推出它们各自与公共重心的距离，再应用上面最后一个方程就得到两星质量之比。知道了和值与比值，也就可以分别求出两星各自的质量。这种方法看起来虽然简单，但是它的前提条件是要知道两星之间的距离，还要求出两星各自绕重心公转的轨道半径。天文学家确实看到两星的轨道行迹，但是只能直接测量它们在天上移过的角度，只有知道了它们离我们多远，才能求出两星之间实际的距离。

知道双星对我们的距离，是用这种方法求其中两星质量的必要条件，这就使它的应用范围局限于离我们比较接近的对象。话虽如此，正是这种方法促使天文学家发现了主序星的质光关系（图2-4）。

幸好还有一种办法，不用费很大劲去测定距离也能行。它的依据是，利用附录A中所讲的多普勒效应，可以由光谱测定某星向我们而来或离我们而去的运动速度。像附图C-1的下方所画那样，如果我们恰好从侧面去看一对双星，那么总有一个时刻A、B两星的连线正好和视线方向垂直，这时一颗星正好朝我们飞来而另一颗正好离我们远去。圆轨道的周长被公转周期所除就等于轨道运动速度，写成公式是：

$$\text{A星的轨道速度}=\frac{2\pi\times(\text{A星与公共重心的距离})}{\text{公转周期}},$$

$$\text{B星的轨道速度}=\frac{2\pi\times(\text{B星与公共重心的距离})}{\text{公转周期}}。$$

利用多普勒效应可以测出这两个速度的数值，根据轨道运动的节奏规律性可以求出公转周期，于是A星和B星各自与公共重心的距离就能算出来，代入本附录前面所列的双星质量公式，就可以从两个方程式求解A星质量和B星质量。

这种方法的妙处在于完全不必要用望远镜分清A星和B星。哪怕这两颗星看起来并成单个小光点，通过光谱分析还是有可能知道它的辐射来自两个光源，并且分别测出两星的视向速度。

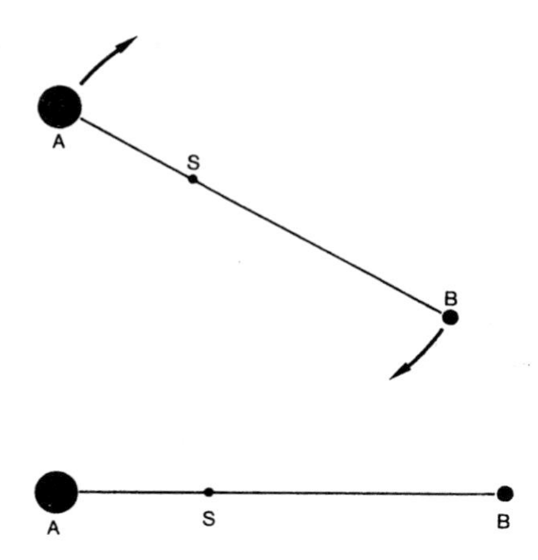

附图C-1 一对（简单）双星中的运动。上方：由垂直于轨道面的方向看去的情况，A星和B星各自沿着不同半径的圆轨道围绕公共重心S运动。下方：由侧面看去的情况。如果两星连线正好和视线方向垂直（如图所画），那么当一颗星向我们飞来时，另一颗星正好离我们而去，它们的运动速度可以利用附录A中所讲的多普勒效应来测量

后　记

鲁道夫·基彭哈恩
1996 年 5 月 1 日于哥廷根

本书第一版问世以来，已经过了不少年。

当前，天文学比那个年代又发展了。1980年人们只知道很少一点或完全不知道的某些现象，如今能被新创仪器探测出来。那时还没有把航天器发送到天王星和海王星这样的外行星周围去探测；为了更深入地了解太阳的内部结构，人们刚开始在地球南极昼夜不停地跟踪太阳的振荡。现在，不仅相对缓慢的恒星演化过程能用普通计算机模拟，超新星爆发的剧变也可以试用大型计算机重演。那时人们还没有意识到，发生在空间近处的一次恒星爆炸的闪光已经赶了17万年路程，再过短短几年就将传到地球。

人们在过去13年中学到了大量新知识，不过，我在那个年代所写的恒星在星际气体尘埃云中诞生，最后以白矮星、中子星或黑洞告终的一生经历轮廓，还是基本正确的。可是话又说回来，尽管我们在这一或那一领域学到了一些新名堂，但在那个年代我们所面临的难题之中，还有许多并未解决。

虽然对核过程的功效我们现在了解得比过去更多了，但是，太阳将来要演化成为红巨星，把最靠近它的行星水星和金星吞并进去，它的表面将逼近、危及地球，这一认识并没有改变。

另一方面，太阳中微子短缺的难题仍未很好解决。美国南达科他州矿井四氯乙烯大池中计数到的、由太阳中微子所产生的氯原子数总是使人不满意：得出来的作用于氧的太阳中微子数比理论家用太阳模型所预计的要少得多。同时这也证实了在东京以西300千米的神冈锌矿中所做的测量，就是用光电管监测2000吨以上的水，来捕捉现代基本粒子理论所预期的质子。可是会使水箱中产生暗弱闪光的不只是质子的分解，太阳内部的硼次级反应产生的中微子有时也会引起闪光。从1987年1月到1988年5月所监测到的太阳中微子在水中所产生的闪光，结果还是和雷蒙德·戴维斯从前的实验一致。打到水中的太阳中微子最多只有预期的半数。既然这套仪器只能接收硼次级反应所产生的能量较高的中微子，天体物理学家们还能提出一种自我安慰的解释，认为这种核反应对于太阳能源的贡献甚为微小。可就在这时，真理的钟声敲响了。

在一项名叫GALLEX的实验中，30吨镓被放进意大利阿布鲁齐地下1200米处、和一条高速公路隧道相通的一个山洞中接收太阳中微子。关于这种镓实验的计划我在第5章已写过，它进行了多年，已经有了结果。和它同时进行的是在高加索所做的另一项实验，称为SAGE，这是“苏联美国镓实验”的缩写。使天体物理学家暂松一口气的是，GALLEX实验所记录到的、来自太阳质子-质子链主反应的低能中微子丰度，和用计算机进行模型探索所预料的大体一致。然而，那些高能硼致中微子为什么来得如此冷落稀少，乃至GALLEX实验也探测不到，这个难题却依旧悬而未决。硼致中微子是灵敏的温度指示器，而那些低能中微子所能反映太阳内部温度的信息就很有限。问题在哪里？

莫非问题不出在我们对于太阳的了解，而在于基本粒子物理学家对中微子的认识？

一方面，直接来自太阳中心区的中微子能给我们这颗最近的恒星里面我们所看不到部位的情况以启示；另一方面，要破译从太阳深处传出的信息，我们也已经具备了最优的条件。太阳表面的米粒组织本来就在不停地上下颤动，叠加在其上的还有数以百万计的形形色色的几分钟太阳振荡。许许多多不同形式的振荡叠加起来，形成一种复杂的振荡模式，人们只要长期累积连续监测太阳表面运动的资料并用计算机分析，就能把这种模式分解成许多各式单个振荡。不同形式与周期的振荡波穿达太阳内部不同的深度。地震波从其中心点出发，一部分沿地球表面，另一部分则穿经地球内部而传到某处。地质学家分析地震波，就能对地球内部结构有所认识。同样地，太阳振荡波虽然是在太阳表面被观测到，但其形成和整个太阳实体相关联，太阳物理学家只要分析这些振荡波的各种特征，就能对太阳内部结构有所了解。不同形式的振荡波周期之间的差异往往只有千分之一秒的量级，学者们只有通过长时间观测，才能把周期极为相近的众多不同振荡波加以清理，逐个区分出来。在我们这样纬度的地方，即使从日出起连续观测太阳到日落，时间也不够长。在地球南北极，太阳会半年不落，因此可能完成较长的连续观测而不被日落所中断。因此，人们在南极地区组织了太阳振荡模式的观测研究。

本书第4章曾讲到太阳本体外部有个对流区。迄今已进行的太阳振荡研究使我们比以前更精确地测定了这个对流区的深度，结果发现它的深度占太阳半径的30%。来自内部更深处的能量到了这个区域，再向外传输的方式便是气团的频繁升降运动。这个区域也就称为对流一区。还有，氦和氢含量的比值也比以前推算得更准了。为了使太阳振荡的实况和理论符合得最好，就需要在模型计算中采取氢与氦的质量比为3∶1。这样发展下去，不久的将来人们甚至对太阳深层的自转也会了解得更清楚。

为了争取每天24小时连续监测太阳，科学家建立了一个全球规模的观测网，它的缩写名称叫作GONG，英文全名的意思是“全球振荡联测网组织”。

分布在全球6处的观测台昼夜不断监测太阳的振荡。对这个网的整体来说太阳不会落到地平线下。不仅如此，于1995年12月2日发射成功的航天器“太阳和太阳风层天文台”（缩写为SOHO）将连续不断地监测太阳振荡20年。

1987年2月23日，一颗超新星在大麦哲伦云中爆发，消息传出时全世界的天文学家都很惊奇。这一事件虽然没有发生在我们银河系的盘区中，毕竟还是相当邻近，离我们只有17万光年。它是人类发明望远镜以来所遇到的离我们最近的超新星。这一回，人们不但能够用望远镜和光谱仪在可见光范围跟踪这一天象，还能利用地球大气层外人造卫星上的仪器观测研究它的紫外辐射和X射线。人们甚至还成功地把超新星爆发核过程所释放的中微子也接收记录下来。神冈矿和美国俄亥俄州一个盐矿的实验装置分别记录到了长途跋涉17万年才到达地球的中微子。还有一点是，大麦哲伦云位于南半天球，日本和俄亥俄州的接收装置则处在北纬地区，可见这超新星的中微子是穿经地球内部后从下而上来到测量仪器中的。

大麦哲伦云原是壮丽出众的摄影对象，历来吸引着人们去做精雕细刻的研究。因此，我们就有可能找出爆炸为超新星的原来那颗星，看看它早先在照片上是什么样子，这样难得的机会还是第一次。这一超新星的消息1987年2月24日早上才传到世界各处，所以在前一天晚上几乎每个天文学家大概都会断言，即将爆发成超新星的恒星都应该是红超巨星。然而，在大麦哲伦云中爆发、由天文学家按既定规则编号为1987A的超新星，它在此前却是一颗蓝星！这是不是和恒星演化理论中恒星中心区的氢耗尽后应变成红巨星的基本规律不相容呢？一点也没有。我们知道，这个时候恒星在赫罗图上虽然先要从左向右（从蓝到红）迁移，但其后也还有重新返回蓝区的可能。如此来回若干次的情况也有（例如，可见图6-2中质量为太阳9倍的一颗恒星的演化）。可见超新星爆发前原是蓝星的情况并非完全不可能。

超新星1993J给天体物理学家带来了一点安慰。一个叫弗朗西斯科·加西亚·迭斯的西班牙天文爱好者于1993年3月28日在一个星系中发现了这颗超新星，天文学家200多年来一直在天体表中把这个星系编号为M81。虽然这个星系与我们的距离比大麦哲伦云与我们的距离的60倍还远，但是比起许多别的星系来，它算是离我们相当近的一个。这一回人们也在早先的照片上找到了爆发为超新星之前原来的那颗星，它确实是红超巨星。1987年和1993年这两起引起轰动的超新星事件都是恒星中心区铁原子核向内暴缩而造成的，本书图11-1左边所画的正是这类情况。

自从超新星1987A发现以来，人们对它进行了认真细致的观测研究。出现的光环显然是原先那颗星在相对宁静阶段抛出的气体，后来被超新星爆发的闪电辐射所追上并照亮而形成的。人们还测到了来自钴的放射性同位素^{56}CO的γ射线。这种钴同位素产生于超新星爆炸物质中，在77天内衰变为一半，发出我们所测到的高能γ射线。

人们想知道，这次爆发会不会产生一颗中子星。但是天文学家一直没有能接收到从该处传来的脉冲星信号。光是这一点并不很说明问题，因为收到这种信号的一个必要条件是那颗中子星的自转轴和磁轴的指向一定要正好使辐射圆锥扫及地球。另一方面，即使爆发信号源并没有向我们发来射电脉冲，脉冲星周围区域也应该朝一切方向发出X射线，人们应该能观测到。可是，尽管这一超新星爆发所产生的云团已在缓慢松散转清，但人们还没有探测到它的中心有快速自转中子星的迹象。

近几年来已知的脉冲星已增加到500颗以上，有一些就是在大麦哲伦云中找到的。值得注意的是新发现的脉冲星之中很多都是短周期的。早在1982年11月，射电天文学家就用阿雷西沃望远镜发现了一个每秒发出642个脉冲的天体。要是能把这种周期信号转变成音波脉冲，人们就可以听到类似弹钢琴发出的一个音！我在本书第10章将近结束时讲到人们如果能听到宇宙中的各种电磁波将会怎么样，看来那些比喻需要扩大范围，把这种音也包括进去。这颗质量可能和太阳相当，也许比太阳稍重些的中子星，既然每秒应自转600多周以发出相应的脉冲信号，那么会不会由于转得太快而被离心力撕裂呢？可是中子星的表面重力实在强大，即使这样快的转速也不过使它略为发扁。

脉冲星都在慢下来。75000年后，来自蟹状星云脉冲星的脉冲就不会是当前这样的每秒30个，而将减少到每秒只有15个了。这是不是意味着，这个每秒发出几百个脉冲因而称为毫秒脉冲星的天体还年轻呢？大概不会。这是因为在球状星团中已发现了许多毫秒脉冲星，而我们确实了解球状星团是年老的恒星系统，大多数已超过100亿年高龄。大质量恒星演化到发生超新星爆发并产生相应的脉冲星，是几十亿年前的事件，这些脉冲星应该在很久以前就已经变慢了。那么球状星团中急速自转的脉冲星从何而来呢？有什么内因或环境条件会使年老迟缓的脉冲星重新快速自转呢？

如果一颗脉冲星正是组成双星的两颗星之一，那么在某些情况下伴星的物质会类似图9-8那样流到中子星上去，使后者的自转重新变快，这就是一种可能性。实际上，和图10-4所画、图10-5中解释的X射线星同样表现的脉冲星，已经观测到。这类脉冲星肯定都是双星中的成员星。甚至有这样一颗脉冲星，它每隔9小时10分钟准时运行到它的伴星背后而失踪44分钟之久。

自从本书第一版问世以来，已经有许多射电天文学家对来自地外文明的信号进行了搜索。成功的结果直到现在还没有。不过在此期间，人们对别的恒星周围行星系形成的问题却了解得更多了。美国和荷兰合作的红外天文卫星（缩写为IRAS）巡查了宇宙各处的红外辐射，发现绘架座β星周围有一个发出热辐射的尘盘。地面的天文台后来也测到了这个尘盘的图像。红外天文卫星在一批恒星的周围都发现了尘盘。是不是人们观测到了正在形成的行星系呢？

1995年11月，两位年轻的瑞士天文学家发表文章宣布，视向速度的周期性变化反映飞马座51号星周围有一颗质量和木星相当的行星在绕它运行。稍后，美国天文学家由视向速度的变化规律发现，另外两颗恒星（大熊座47号和室女座70号——译者注）周围也各有一颗行星在公转。

1992年10月12日，美国宇航局开始执行一项大规模探索计划，这将会在其后的6年中耗资若干亿美元。包括阿雷西沃在内的几台大型射电望远镜被调动起来，开始扫描巡天；人们准备对接收到的信号进行分析，每1秒钟就巡查了1000万个频道，同时还用一台超级计算机来区分接收到的究竟只是自然界的辐射还是更像地外文明发来的载有某些信息的信号。原先的计划要一颗星一颗星地逐个扫描，对800颗类似太阳的恒星进行经常性巡查，并动用一批较小型射电望远镜监测整个天球。由于美国参议院没有批准拨款，这项计划于1993年9月被迫终止。据说有一位参议院议员说道："与其花钱去寻找地球以外的智慧，不如就在华盛顿当地寻访智慧人士。"

译后记

沈良照

1996年6月于北京

本书著者鲁道夫·基彭哈恩是20世纪60年代密近双星质量转移演化理论的创始人之一，1985—1991年曾担任国际天文学联合会副主席，曾著有《恒星的结构和演化》（1990）。

本书深入浅出地介绍了恒星的能源、结构和演化（第1章至第7章），射电脉冲星（第8章），密近双星质量转移（第9章），致密X射线星（第10章），恒星晚期演化（第11章），恒星的诞生（第12章）以及地外生命与地外文明（第13章）的知识。全书基本上撇开了数学公式，运用了许多生动比喻，叙述了许多著者亲身经历的故事，是一本颇有特色的科普著作。

本书的德文版于1980年问世，其英文版也于1983年在美国出版。我们根据本书1984年德文版连同著者随后寄来的几十页修改补充材料译成中文，于1987年3月完成译稿交给出版社。我们期望中译本能引起读者对恒星世界的兴趣，特别是启发学生和青年的好奇心，推动其中的一部分人去深入探究。除了丰富的国内读物外，我们还建议有条件的读者去阅览其他资料，如美国科普月刊*Sky and Telescope*、*Scientific American*或英国科普月刊*Astronomy Now*中的有关内容，以更新知识、加深思考。

译稿交付后，年复一年，历经周折，幸能出版。我们谨向所有给予热心支持和帮助的领导和同志，特别是向湖南科学技术出版社，表示衷心感谢！

本书第1章至第7章和第9章由黄润乾译，关于本书、前言、绪论、第8章、第10章至第13章、附录及中译本序由沈良照译，译文经两人互相校阅修改。译本中的不足之处诚恳欢迎读者批评指正。

1996年春天，著者专为译本写了一篇后记，是反映最近十几年来天文学有关进展的补充更新材料，由沈良照翻译成中文。我们对年逾古稀的著者的这种热情为读者服务的认真精神表示感谢和敬佩。

图书在版编目（CIP）数据

千亿个太阳 /（德）鲁道夫·基彭哈恩著；沈良照，黄润乾译．— 长沙：湖南科学技术出版社，2018.1（2023.12 重印）
（第一推动丛书．宇宙系列）
ISBN 978-7-5357-9452-9
Ⅰ．①千… Ⅱ．①鲁… ②沈… ③黄… Ⅲ．①恒星演化 Ⅳ．① P152
中国版本图书馆 CIP 数据核字（2017）第 213929 号

QIANYI GE TAIYANG
千亿个太阳

著者
[德] 鲁道夫·基彭哈恩
译者
沈良照 黄润乾
出版人
潘晓山
责任编辑
李永平 吴炜 戴涛 杨波
装帧设计
邵年 李叶 李星霖 赵宛青
出版发行
湖南科学技术出版社
社址
长沙市芙蓉中路一段416号
泊富国际金融中心
网址
http://www.hnstp.com
湖南科学技术出版社
天猫旗舰店网址
http://hnkjcbs.tmall.com
邮购联系
本社直销科 0731-84375808

印刷
长沙市宏发印刷有限公司
厂址
长沙市开福区捞刀河大星村343号
邮编
410153
版次
2018 年 1 月第 1 版
印次
2023 年 12 月第 10 次印刷
开本
880mm × 1230mm 1/32
印张
9.5
插页
4 页
字数
198 千字
书号
ISBN 978-7-5357-9452-9
定价
49.00 元